高等职业教育智能制造精品教材

U0642514

工程机械液压传动

主　编　彭金艳　沈　超

副主编　李艳华　谢向阳

主　审　邓秋香

中南大学出版社

www.csupress.com.cn

·长沙·

内容简介

本书以工程机械液压传动典型工作任务为指引,以项目任务驱动教学,主要内容包括:液压传动概述、液压传动基础知识、动力元件、执行元件、方向阀及方向控制回路、压力阀及压力控制回路、流量阀及节流调速回路、插装阀、辅助元件、典型工程机械液压回路等项目。

本书注重技能训练,内容贴近岗位技能需求,通俗易懂,注重实用。

本书是高职院校工程机械专业教材,也可作为相关行业培训教材或自学用书。

高等职业教育智能制造精品教材编委会

主　任

张　辉

副主任

杨　超　　邓秋香

委　员

（以姓氏笔画为序）

马　娇　　龙　超　　宁艳梅

匡益明　　伍建桥　　刘湘冬

杨雪男　　沈　敏　　张秀玲

陈正龙　　范芬雄　　欧阳再东

胡军林　　徐作栋

前言 PREFACE.

液压传动是随着人类文明的发展而发展的，它在工程机械、交通运输、矿山机械、建筑机械、装备制造业、塑料机械、船舶辅机、航空航天、医疗机械、农业机械、健康机械、消防抢救机械等领域都有广泛应用。

近年来，工程机械产品更新换代速度加快，各种新工艺、新技术、新设备不断出现，这对工程机械售后服务人才培养提出了更高的要求。工程机械液压传动作为工程机械运用技术专业的专业核心课程已毋庸置疑，现市面上有关液压传动的教材和书籍很多，但适合工程机械售后服务人才培养的项目化教材依旧稀缺。本教材的编写遵照教育部高职高专教材建设的要求，紧紧围绕培养高技能复合型应用人才的需要，从人才培养目标的实际出发，结合教学的实际，以项目任务驱动教学，构建和规范教学过程。本教材具有以下特色：

①本教材适用对象为高职工程机械大类专业学生，主要目标是培养工程机械售后服务工程师对液压元件、液压系统的维护、保养及故障排除能力。

②教材知识理论上涉及的液压元件与实训元件统一，做到理实一体化。

③教材难易程度按工程机械售后服务中级服务工程师技术标准及国家工程机械维修工四级水平综合确定。

本书在编写过程中得到了三一集团有关部门专家和领导的大力支持和帮助，在此表示衷心的感谢。

由于编者水平有限，不妥之处在所难免，恳请读者批评指正。

编　者

2020 年 8 月

CONTENTS. 目录

项目一
液压传动概述

教学目标

知识目标：了解液压传动技术的发展与应用；掌握液压传动的工作原理；了解液压传动在各类工程机械上的应用；掌握液压传动系统的组成及其优缺点；了解国家标准GB/T 786.1—1993。

能力目标：能够分析液压传动系统的组成、各组成部分的作用。

液压传动是以液体作为工作介质，通过各种液压元件来实现能量的传递、转换及控制的技术。

由于液压传动具有许多优点，其地位是其他传动方式不可替代的。在交通运输、工程机械、矿山机械、建筑机械、装备制造业、塑料机械、船舶辅机、航空航天、医疗器械、农业机械、健康器械等领域，液压传动作为一种动力传递、转换与控制方式，得到越来越广泛的应用。液压传动技术在工程机械上的应用如图1-1所示。

图1-1 液压传动技术在工程机械上的应用

1

任务一 液压传动的基本原理

一、液压传动的定义

一部完整的机器一般主要由三部分组成，即原动机、传动机构和工作机。

原动机包括电动机、内燃机等。

工作机即完成该机器之工作任务的直接工作部分。如剪床的剪刀，车床的刀架、车刀、卡盘，平地机的铲刀、松土器，混凝土泵输送缸等。

由于原动机的功率和转速变化范围有限，为了适应工作机的工作力（转矩）和工作速度（转速）变化范围较宽的要求，以及其他操纵性能（如停车、换向等）的要求，在原动机和工作机之间设置了传动机构（或称传动装置）。

传动机构通常分为机械传动、电气传动和流体传动机构。

流体传动是以流体为工作介质进行能量转换、传递和控制的传动。它包括液体传动和气体传动。

液体传动是以液体为工作介质的流体传动。它包括液力传动和液压传动。

液力传动是主要利用液体动能的液体传动。

液压传动是主要利用液体压力能的液体传动。

二、液压传动工作原理

图1-2为液压传动的简化模型，据此可以分析两活塞之间的力比例关系、运动关系和功率关系。液压传动是利用液体静压传动原理来实现的。在液压传动中，人们利用没有固定形状但具有确定体积的液体来传递力的运动。图中有两个直径不同的液压缸1和液压缸2，缸内各有一个与内壁紧密配合的活塞。如图1-2中的活塞4上有重物 W，则当活塞3上施加的力 F 达到一定大小时，就能阻止重物 W 下降。

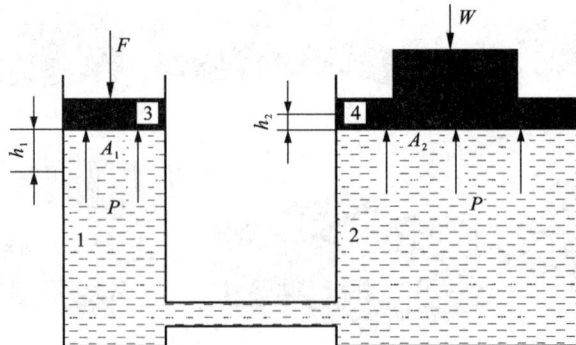

图1-2 液压传动简化模型

（一）力比和速比

1. 等压特性

根据帕斯卡定律"平衡液体内某一点的液体压力等值地传递到液体内各处"，即输出端的力之比等于二活塞面积之比。

$$p_1 = p_2 = p = F/A_1 = W/A_2 \qquad (1-1)$$

或

$$W/F = A_2/A_1 \qquad (1-2)$$

2. 等体积特性

假设活塞 3 向下移动 h_1，则液压缸 1 被挤出的液体体积为 A_1h_1。这部分液体进入液压缸 2，使活塞 4 上升 h_2，其让出的体积为 A_2h_2。

即

$$A_1h_1 = A_2h_2 \qquad (1-3)$$

或

$$h_2/h_2 = A_1/A_2 \qquad (1-4)$$

进一步认为这些动作是在时间 t 内完成，活塞 3 的速度 $V_1 = h_1/t$，活塞 4 的速度 $V_2 = h_2/t$，则有

$$V_2/V_1 = h_2/h_1 = A_1/A_2 \qquad (1-5)$$

式中：h_1、h_2 为活塞位移。

这说明输出、输入的位移和速度都与二活塞面积成反比。上式可写成：

$$A_1V_1 = A_2V_2 \qquad (1-6)$$

这在流体力学中称为液流连续性原理，它反映了物理学中质量守恒这一现实。

3. 能量守恒特性

即

$$WV_2 = FV_1 \qquad (1-7)$$

注：等式左边和右边分别代表输出和输入的功率。这说明能量守恒也适用于液压传动。

通过以上分析，上述模型中两个不同面积的活塞和液压缸相当于机械传动中的杠杆，其面积比相当于杠杆比，即 $A_1/A_2 = b/a$。因之采用液压传动可达到传递动力、增力、改变速比等目的，并在不考虑损失的情况下保持功率不变。

（二）两个重要概念

（1）液压传动中的液体压力取决于负载。

（2）流量决定速度。

（三）容积式液压传动

图 1-2 中主动活塞运动后使一定体积的液体挤出，这些液体进入从动液压缸，使从动活塞产生运动，而两者之间的运动关系是依靠主动件挤出的液体体积与从动件所得到的液体体积相等来保证的。这种传动称为容积式液压传动。

工业上另外有一种依靠液体的动能及其转换来实现力和运动的传递的方法，称为动力液力传动。

任务二　液压传动系统的组成

一、液压系统的组成

从任务一中液压传动简化模型的例子可以看出，液压系统主要由以下几个部分组成：

（1）动力源－液压泵站，又称动力元件。

它将电动机（或其他原动机）输出的机械能转变为工作液体的压力能。一般为液压泵。

（2）执行元件。

包括液压缸和液压马达。它把工作液体的压力能重新转变为往复直线运动或回转运动的机械能，推动负载运动。

（3）控制元件。

包括对液压系统中液体压力、流量（速度）和方向进行控制和调节的压力阀、流量阀和方向阀，实现液压系统的工作循环。

（4）辅助元件。

为保证液压系统正常工作所需的上述三类元件以外的装置，在系统中起到输送、贮存、加热、冷却、过滤和测量等作用。包括管路、管接头、油箱、过滤器、蓄能器以及各种指示和控制仪表等。

（5）工作介质。

利用它进行能量和信号的传递，即液压油或其他液体。

二、液压系统的图形符号

图 1 － 3（a）所示为进给机构液压系统的一种半结构式的工作原理图，其直观性强，容易理解，但绘制起来比较烦琐。为了简化液压系统的表示方法，通常采用图形符号来绘制液压系统原理图。元件的图形符号脱离了元件本身的具体结构，只表示其职能、操作（控制）方法及外部连接。用图形符号绘制的液压系统图表明组成系统的元件、元件间的相互关系及整个系统的工作原理，并不表示其实际安装位置及布管，具有简单明了，绘制方便等优点。我国已制定国家标准《流体传动系统及元件图形符号和回路图》（GB/T 786.1—2009），图 1 － 3（b）就是按 GB/T 786.1—2009 绘制的液压系统原理图。

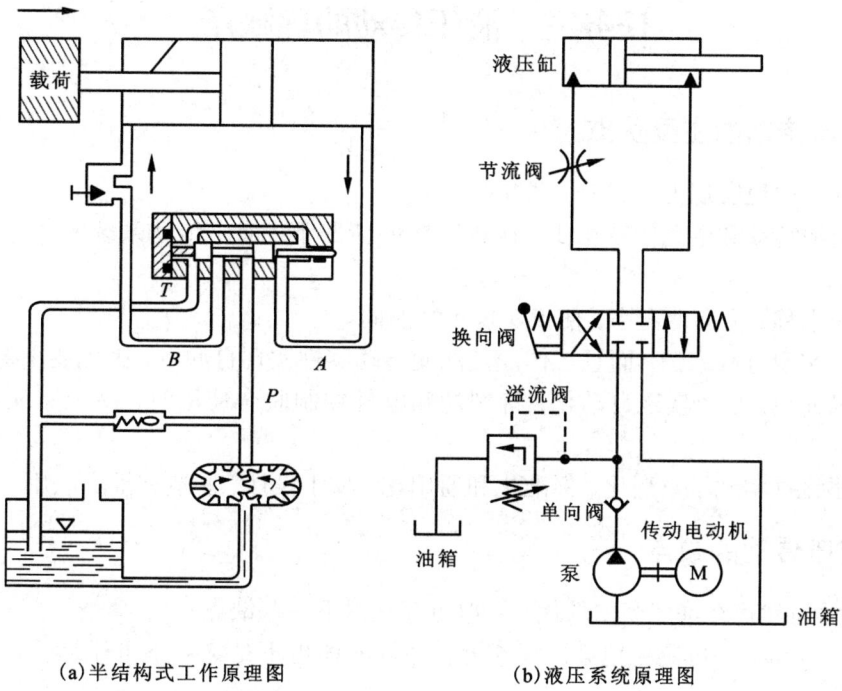

(a)半结构式工作原理图　　　　　(b)液压系统原理图

图 1-3　进给机构液压系统

任务三　液压传动的优缺点

一、液压传动的主要优点

(1)能够方便地实现无级调速,调速范围大。

(2)与机械传动和电气传动相比,在相同功率情况下,液压传动系统的体积较小,重量较轻。

(3)工作平稳,换向冲击小,便于实现频繁换向。

(4)便于实现过载保护,而且工作油液能使传动零件实现自润滑,因此使用寿命较长。

(5)操纵简单,便于实现自动化,特别是和电气控制联合使用时,易于实现复杂的自动工作循环。

(6)液压元件实现了系列化、标准化和通用化,易于设计、制造和推广应用。

二、液压传动的缺点

液压传动虽然存在许多突出的优点,但也存在以下一些缺点:

(1)液压传动中不可避免地会出现泄漏,并且液体也不是绝对不可压缩,故无法保证严格的传动比。

(2)液压传动有较多的能量损失(泄漏损失、摩擦损失等),故传动效率不高,不宜作远距离传动。

(3)液压传动对油温的变化比较敏感,不宜在很高或很低的温度下工作。

(4)液压传动出现故障时不易找出原因。

本项目小结

本章重点论述了液压传动技术的应用,液压传动技术的发展,液压传动系统的组成和优缺点。

复习思考题

1. 液压传动系统由哪几部分组成?简述各组成部分的作用。
2. 简述液压传动的优缺点。

项目二
液压传动基础知识

教学目标

知识目标：掌握液压传动工作介质液压油的特性和选择，以及污染和控制；了解流体静力学；了解静压传递原理（或帕斯卡原理）；掌握我国现在采用的计量单位；掌握气穴现象和液压冲击。

能力目标：能够正确选用并合理使用液压油；能够采取适当措施减少液流中的气穴和液压冲击。

任务一　液压油的特性和选择

一、液压油的特性

液压系统中使用的液压油的种类分为石油型和难燃型，其中难燃型又包括乳化型和合成型。

石油型的液压油以机械油为基料，精炼后按需要加入适当的添加剂。这种油液的滑性好，但抗燃性差。

目前，我国在液压系统中仍大量采用机械油和气轮机油。机械油是一种工业用润滑油，价格较低，但物理化学性能较差，使用时产生黏稠胶质，堵塞组件，影响系统的性能。压力越高，问题越严重。因此，只在压力较低和要求不高的场合使用。

气轮机油和机械油相比，氧化稳定性好，使用寿命长，与水混合后能迅速分解，纯净度高。普通液压油中加有抗氧化、防锈和抗泡等添加剂，在液压系统中广泛使用。

乳化液有两大类：一类是少量油（5%～10%）分散在大量的水中，称为水包油乳化液，也叫高水基液（O/W）；另一类是水分散在大量油中（油约60%）称为油包水乳化液（W/O）。后者的润滑性比前者的好。

水–乙二醇液适用于要求放水的液压系统。如液体长期在高于65℃的温度下工作，水分的蒸发使它的黏度上升，因此必须经常检验。低温黏度小，它的润滑性比石油型液压油差，对于大多数金属及液压系统中使用的大多数橡胶密封圈材料均能兼容，但会使许多油漆脱落。磷酸酯液自燃点高，氧化安定性好，润滑性好，使用温度宽，对于多数金属不腐蚀，但能溶解许多非金属材料，因此必须选择合适的橡胶密封，这种液体有毒。

为了改善液压油的性能，往往在油液中加入各种各样的添加剂。添加剂有两类：一类是改善油液化学性能的，如抗氧化剂、防腐剂、防锈剂等；另一类是改善油液物理性能的，如增黏剂、抗泡剂、抗磨剂等。

二、液压油的物理性质

液压油的一些基本性质可在有关资料中查到，在液压技术中，液压油液最重要的性质是它的可压缩性和黏性。

（一）可压缩性

液体受压力作用而发生体积减小的性质称为液体的可压缩性。

液压油的可压缩性对在动态下工作的液压系统来说影响极大；但液压系统在静态下工作时，一般不予考虑。

（二）密度

单位体积液体的质量称为该液体的密度。密度是液体的一个重要的物理参数。随着液体温度或压力的变化，其密度也发生变化。随着温度的增加，密度将减小；随着压力的增加，密度将增加。一般液压油的密度为 $900\ \text{kg/m}^3$。

（三）黏性

液体在外力作用下流动时，分子间的内聚力要阻止分子相对运动而产生一种内摩擦力，这种现象叫作液体的黏性，其大小用黏度表示。液体只有在流动（或有流动的趋势）时才会呈现黏性，液体在静止时是不呈现黏性的。

液体的黏度随液体的压力和温度而变。对液压油液来说，压力增大时，黏度增大。但在一般的液压系统使用压力范围内，增大的数值很小，可以忽略不计。液压油黏度与温度的变化十分敏感，温度升高，黏度下降。这个变化率的大小直接影响液压油液的使用，其重要性不亚于黏度本身。

（四）其他性质

液压油液还有其他的一些性质，如稳定性（热稳定性、氧化稳定性、水解稳定性、剪切稳定性等）、抗泡沫性、抗乳化性、防锈性、润滑性以及兼容性等，都对它的选择和使用有重要的影响。

三、对液压油液的要求

不同的工程机械、不同的使用情况对液压油液的要求有很大的不同，为了很好地传递运动和动力，液压系统使用的液压油应具备如下性能：

（1）合适的黏度，较好的黏度温度特性。

（2）润滑性能好。

（3）质地纯净，杂质少。

（4）对金属和密封件有良好的兼容性。

（5）对热、氧化、水解和剪切都有良好的稳定性。

（6）抗泡沫性好，抗乳化性好，腐蚀性小，防锈性好。

（7）体积膨胀系数小，比热容大。

（8）流动点和凝固点低，闪点（明火能使油面上层的油蒸汽闪燃，但油本身不燃烧的温度）和燃点高。

（9）对人体无害，成本低。

四、液压油的选择和使用

（一）液压油的选择

正确而合理地选择液压油液，对液压系统适应各种工作环境的能力、延长系统和组件的寿命、提高系统工作的可靠性等都有重要的影响。

在众多的因子中，最重要的因子是液压油液的黏度。黏度太大，液流的压力损失和发热大，使系统的效率下降；黏度太小，泄漏增大也影响系统效率。因此应选用使系统正常、高效和可靠的工作油液黏度。

在液压系统中，液压泵的工作条件最为严峻，不但压力大，转速高和温度高，而且油液在被泵吸入和泵出时要受到剪切作用，所以一般根据泵的要求确定液压油液的黏度。

液压油液的选择，一般要经历下述四个基本步骤：

（1）定出所用油液的某些特性的允许范围。

（2）查看说明书，找出符合或基本上符合上述各项特性要求的油液。

（3）进行综合、权衡，调整各方面的要求和参数。

（4）征求油液制造厂的最终意见。

（二）液压油的使用

根据一定的要求来选择和配制液压油之后，并不能认为液压系统工作介质的问题已经解决了。事实上，使用不当还是会使油液的性质发生变化的。因此在使用液压油时，应注意如下几点：

（1）对长期使用的液压油，氧化、热稳定性是决定温度界限的因素，因此，应使液压油长期处在低于它开始氧化的温度下工作。

（2）在储存、搬运及加注过程中，应防止油液被污染。

（3）对油液定期抽样检验，并建立定期换油制度。

（4）油箱的贮油量应充分，以利于系统的散热。

（5）保持系统的密封，一旦有泄漏，应立即排除。

五、液压油液的污染及控制

实践证明液压油液的污染是系统发生故障的主要原因，它严重影响着液压系统的可靠性及组件的寿命。由于液压油液被污染，液压组件的使用寿命往往比设计寿命低得多。因此液压油液的正确使用、管理以及污染控制，是提高系统可靠性及延长组件使用寿命的重要手段。

（一）污染物的种类和危害

液压系统的污染物，是指包含在油液中的固体颗粒、水、空气、化学物质、微生物等杂质。油液被污染后，将对系统和组件产生下述不良的后果：

（1）固体颗粒加速组件的磨损，堵塞缝隙及滤油器，使泵、阀性能下降，产生噪声。

（2）水的侵入加速油的氧化，并和添加剂起作用产生黏性胶质，使滤芯堵塞。

（3）空气的混入降低油液的体积模量，引起气蚀，降低油液的润滑性。

（4）溶剂、表面活性化合物的化学物质使金属腐蚀。

（5）微生物的生成使油液变质，降低润滑性能，加速组件的腐蚀。对高水基液压油液的危害更大。

（二）液压油液的污染控制

液压油液污染的原因很复杂，液压油液自身又在不断产生脏物，因而要彻底解决液压油液的污染问题是困难的。为了延长液压组件的寿命，保证液压系统可靠地工作，将液压油的污染度控制在某一限度以内是较为切实可行的办法。

为了减少液压油液的污染，常采用如下措施：

（1）对组件和系统进行清洗，清除在加工和组装过程中残留的污染物。液压组件在加工的每道工序后都应净化，装配后严格地清洗。

（2）防止污染物从外界入侵。液压油液在工作过程中会受到环境的污染，因此可在油箱呼吸孔上装高效的空气滤清器或采用密封油箱，防止尘土、磨料和冷却物的侵入。液压油液在运输过程中会受到污染，买来的油液必须静放数天，然后通过滤油器注入系统。

（3）采用合适的过滤器。这是控制液压油液被污染的重要手段，应根据系统的不同情况选用不同过滤精度、不同结构的过滤器，并定期检查和清洗。

（4）控制液压油液的温度。液压油液工作温度过高对液压装置不利，液压油液本身也会加速氧化变质，产生各种生成物，缩短使用期限，一般液压系统的工作温度最好控制在65℃以下。

（5）定期检查和更换液压油液。每隔一定时间，对系统中的油液进行抽样检查，分析污染度是否还在该系统允许的使用范围之内，如不合要求，必须立即更换。不应在油液脏到使系统工作出现故障时才换。在更换新油前，整个系统必须先清洗一次。

任务二　流体静力学

本任务主要讨论液体的平衡规律以及这些规律的应用。所谓"液体是静止的"，指的是液体内部质点没有相对运动而言，至于盛装液体的容器，不论它是静止的还是运动的，都没有关系。

一、压力及其性质

作用在液体上的力有两种，即质量力和表面力。单位质量液体所受的质量力称为单位质量力，在数值上等于加速度。单位面积上作用的表面力称为应力，它有法向应力和切应力之分。当液体静止时，液体质点间没有相对运动，不存在摩擦力，所以静止液体的表面力只有法向力。由于液体质点间的凝聚力很小，不能受拉，所以法向力总是向着液体表面的内法线方向作用的。习惯上把液体在单位面积上所受的内法线方向的法向应力称为压力，例如当 ΔA 面积上作用有法向力 ΔF 时，液体内某点处的压力即定义为

$$p = \lim_{\Delta A \to 0} \frac{\Delta F}{\Delta A} \tag{2-1}$$

液体的压力有如下重要性质：静止液体内任意点处的压力在各方向相等。

二、重力作用下静止液体中的压力分布

在重力作用下的静止液体，其受力情况如图 2-1(a) 所示，除了液体重力、液面上的压力外，还有容器壁面作用在液体上的压力。如要求出液体内 1（离液面深度为 h）处的压力，可以从液体内取出一个底面通过该点的垂直小液柱。设液柱的底面积为 ΔA，高为 h，如图 2-1(b) 所示，由于液柱处于平衡状态，于是有 $p\Delta A = p_0 \Delta A + F_\text{G}$，这里的 F_G 是液柱的重力 $F_\text{G} = \rho g h \Delta A$，因此有

$$p = p_0 + \rho g h \tag{2-2}$$

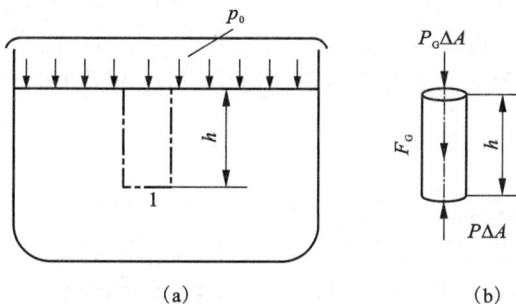

图 2-1　重力作用下的静止液体

由式(2-2)可知：

（1）静止液体内任一点处的压力由两部分组成：一部分是液面上的压力 p_0，另一部分是 ρg 与该点离液面深度 h 的乘积。当液面只受大气压力 p_a 作用时，点 1 处的静压力为

$$p = p_a + \rho g h \qquad (2-3)$$

（2）静止液体内的压力随液体的深度呈直线规律分布。

（3）离液面深度相同处的各点的压力都相等。压力相等的所有点组成的面叫作等压面。在重力作用下静止液体中的等压面是个水平面。

三、压力的表示方法及单位

液体压力有绝对和相对压力两种。以绝对零值为基准测得的压力称为绝对压力，其值是以绝对真空为基准来进行度量的（图2-2）。

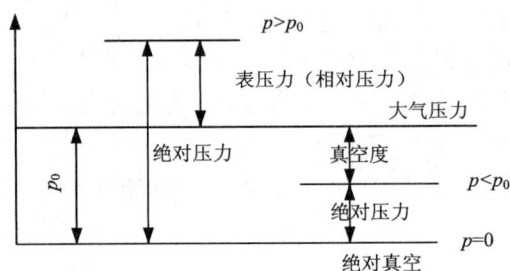

图2-2　绝对压力、相对压力和真空度

超过大气压力的那部分压力 $p_u = \rho g h$，以当地大气压力为基准测得的压力叫作相对压力又称表压力，其值是以大气压力为基准来进行度量的。绝大多数测压仪表因外部受大气作用，所以仪表指示的压力是相对压力。

如果液体中某点处的绝对压力小于大气压，这时该点的绝对压力比大气压力小的那部分数值叫作真空度。

压力的计量单位，我国过去在工程上采用工程大气压，也采用液柱高度，这是因为液体内某一点处表压力与它所在位置深度成正比，因此亦可采用液柱高度来表示压力的大小。

我国现在采用法定的计量单位 Pa 来计量压力，$1\ Pa = 1\ N/m^2$。

在液体受压的情况下，其液面高度引起的那部分压力 $\rho g h$ 相当小，可以忽略不计，并认为整体内部压力是近乎相等的。下面在分析液压系统时，就采用这种假定。

四、帕斯卡原理

盛放在密闭容器内的液体，其外加压力 p_0 发生变化时，只要液体仍保持其原来的静止状态不变，液体中任一点的压力，将发生同样大小的变化。这就是说，在密封容器内，施加静止液体上的压力将以等值同时传递到液体各点。

这就是静压传递原理，或帕斯卡原理。图2-3是运用帕斯卡原理寻找推力和负载的

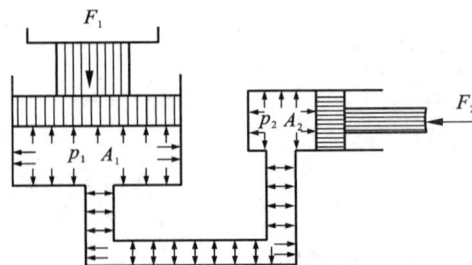

图2-3　帕斯卡原理应用实例

实例。图中垂直液压缸、水平液压缸的面积分别为 A_1、A_2；活塞上作用的负载为 F_1、F_2。由于两缸互相连通，构成一个密闭容器，因此按帕斯卡原理，缸内压力到处相等，$p_1 = p_2$，于是

$$F_2 = F_1 \frac{A_2}{A_1} \tag{2-4}$$

如果垂直液压缸的活塞上没有负载，则在略去活塞质量及其他阻力时，不论怎样推动液压缸的活塞，也不能在液体中形成压力，说明液压系统中的压力是由外界负载决定的，这就是液压传动中的一个基本概念。

五、液体静压力作用在固体壁面上的力

静止液体和固体壁面相接触时，固体壁面上各点在某一方向上所受静压力的总和，便是液体在该方向上作用于固体壁面上的力。

固体壁面为一平面时，如不计重力作用，平面上各点的静压力大小相等，作用在固体壁面上的力等于静压力与承压面积的乘积，即 $F = pA$，其作用方向垂直于壁面。

当固体壁面为一曲面时，情况就不同了：曲面上液压作用力在某一方向上的分力等于压力和曲面在该方向的垂直面内投影面积的乘积。

任务三　液体流动中的能量损失

一、压力损失

实际流体是有黏性的，所以流动时要损耗一部分能量，这种损耗表现在压力损失。能量的损耗变成热量。液体在流动时产生的压力损失可以分为两种：一种是液体在等径直管中流动时因摩擦而产生的压力损失，称为沿程压力损失；另一种是由于管道的截面突然变化，液流方向改变或其他形式的液流阻力而引起的压力损失，称为局部压力损失。

（一）沿程压力损失

经理论推导，液体流经等径 d 的直管时，在管长 l 段上的压力损失 Δp 表达式为

$$\Delta p = \lambda\ \frac{l}{d}\ \frac{\rho v^2}{2} \tag{2-5}$$

式中：λ 为沿程阻力系数；v 为液流的平均流速；ρ 为液体的密度。层流流动时的沿程阻力系数理论值应是 $64/Re$，但实际流动中还夹杂着油温变化等问题，因此油液在金属管道中流动时宜取 $\lambda = 75/Re$，在橡胶软管中流动时则取 $\lambda = 80/Re$。

（二）局部压力损失

局部压力损失是液体流经阀口、弯管、通流截面变化等处所引起的压力损失。液流通过这些地方时，由于它的方向和流速发生变化，在这些地方扰动、搅拌，形成气穴、旋涡、尾流，或使边界层剥离，使液体的指点相互撞击，从而产生了较大的能量损失。

局部压力损失与液流的动能直接相关，一般可表达成如下的算式

$$\Delta p = \zeta\ \frac{\rho v}{2} \tag{2-6}$$

式中：ζ 为局部阻力系数；v 为液体的平均流速。ζ 仅在液流流经突然扩大的截面时可用理论求得，其他情况都须通过实验来测定。

二、气穴现象

在流动的液体中，因某点处的压力低于空气分离压而使气泡产生的现象，称为气穴现象。气穴现象使液压装置产生噪声和震动，使金属表面受到腐蚀。

（一）气穴的产生

液压油液中总是含有一定量空气的。液压油液中所含有空气体积的百分数称为它的含气量。空气可溶解在液压油液中，也可以以气泡的形式混合在液压油中。空气在液压油液中的溶解量和液压油液的绝对压力成正比。溶解空气对液压油液的体积模量没有影响。油液的压力降低时，溶解在油液中的气体会从油液中分离出来。

在一定温度下，当液压油压力低于某值，溶解在油液中的过饱和空气将会突然地从油液中分离出来，产生大量的气泡，这个压力称为液压油在该温度下的空气分离压。含有气泡的液压油液的体积模量将减小。

（二）气穴现象的危害

气穴发生时，液流的流动特性变坏，特别是当带有气泡的液压油液被带到下游高压部位

时，周围的高压使气泡绝热压缩，迅速崩溃，局部可达到非常高的温度和冲击压力。例如在38℃下工作的泵。当泵的输出压力分别为 6.8 MPa、13.6 MPa、20.4 MPa 时，气泡崩溃处的局部温度可达到 766℃、993℃、1149℃，冲击压力可以达到几百兆帕。这样的局部高温和冲击压力，一方面使那里的金属疲劳，另一方面又使液压油变黑，对金属产生化学腐蚀作用，因而使组件表面受到腐蚀、剥落，或出现海绵状的小洞穴。节流孔下游常可发现这种腐蚀的痕迹。这种现象称为气蚀。

（三）减小气穴现象的措施

在液压系统中的任何地方，只要压力低于空气分离压，就会发生气穴现象。为了防止气穴现象的产生，就要防止液压系统中的压力过低，具体措施如下：

（1）减小阀孔前后的压差；

（2）正确选用和使用液压泵；

（3）提高零件的抗气蚀能力，增加零件的机械强度，采用抗腐蚀能力强的金属材料，减小零件表面粗糙度等。

三、液压冲击

（一）液压冲击的产生

在液压系统中，当管道中的阀门突然关闭或开启时，管内液体的压力发生急剧交替升降的波动过程称为液压冲击。当阀门突然关闭时，阀门处的压力急剧上升，出现峰值，可能使液压组件和管道损坏，并伴有巨大的震动和噪声。而当阀门突然开启时，则使压力突然下降。这种突然开闭所引起的冲击叫作直接冲击。

如果阀门不是突然开闭，则峰值较小，危害性也较小。这种情况下出现的冲击称为间接冲击。

除此之外，当采用液压传动的工作机械通过控制阀关闭液压缸的回油管使工作部件换向或制动时，运动部件的动能将在液压缸回油腔和管路内引起液压冲击。

液压系统中某些组件的动作不够灵敏，也会产生液压冲击。如系统压力突然升高，但溢流阀反应迟钝，不能迅速打开时，便产生压力超调，引起冲击。

（二）液压冲击的危害

出现液压冲击时，液体中的瞬时峰值压力可以比正常工作压力大好几倍。虽然峰值压力比管道的破坏压力要小得多，但由于压力增长极快，足以使密封装置、管道或其他液压组件损坏。液压冲击还会使工作机械引起震动，产生很大的噪声，影响工作质量。有时，液压冲击使某些组件产生误动作，导致设备损坏。

（三）减小液压冲击的措施

（1）尽可能延长执行组件的换向时间。

（2）在某些精度要求不高的工程机械上，使液压缸两腔油路在换向阀回到中位时瞬时互通。

（3）适当加大管径，使液流流速小于或等于推荐流速值。

（4）采用橡胶软管。

（5）在容易发生液压冲击的地方，设置泄荷阀或蓄能器。蓄能器不但缩短了压力波传播的距离，还能吸收冲击压力。

本项目小结

本章重点论述了液压油的特性和选择方法、污染来源和控制方法，并对流体静力学、管道中液流的特性、气穴现象和液压冲击进行了详细的讲解。

复习思考题

1. 简述怎样选择液压油。
2. 简述怎样进行液压油污染的控制。
3. 什么是压力损失？它由哪些部分组成？
4. 简述气穴的产生原因与气穴现象的危害。
5. 论述液压冲击的产生与危害。怎样减少液压冲击？

项目三
动力元件

教学目标

知识目标：理解液压泵工作的必备条件；了解液压泵的主要性能参数及液压泵的不同分类方法；掌握齿轮泵的结构、工作原理、三大问题及其常见故障的排除方法；了解叶片泵的结构及工作原理；掌握柱塞泵的结构及工作原理。

能力目标：能够分析液压泵的工作原理和应用；能够正确选用并合理使用液压泵。

任务一　概述

一、液压泵的作用、基本工作原理

液压泵和液压马达是液压系统中的能量转换元件。

液压传动中，液压泵和液压马达都是靠密闭的工作空间的容积变化进行工作的，所以又称为容积式液压泵和液压马达。

液压泵是将原动机（电动机、柴油机）的机械能转换成油液的压力能，再以压力、流量的形式送到系统中去。按其职能来说，属于液压能源元件，又称为动力元件。

图3－1为单体泵的工作原理。当凸轮1被带动旋转时，柱塞2在凸轮1和弹簧4的作用下在泵体3的柱塞孔内作上、下往复运动。柱塞2向下运动时泵体的柱塞孔和柱塞上端构成的密闭工作油腔A的容积增大，形成真空，此时排油单向阀6进入工作油腔，这一过程为柱塞泵吸油过程；当柱塞2向上时，密闭工作油腔的容积减小、压力增高，此时吸油阀单向阀5封住进油口，压力油便打开排油单向阀6进入系统，这一过程为柱塞泵压油过程。若凸轮1连续不断地转动，柱塞泵就能不断地吸油和压油。

由上述可知，构成容积式液压泵所必须具备的条件是：必须具有若干个良好密封的工作容腔；必须具有使工作容腔的容积不断地由小变大，再由大变小，

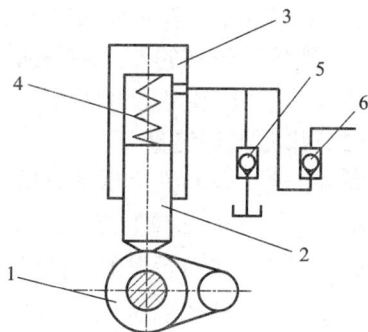

图3－1　单体泵的工作原理

1—凸轮；2—柱塞；3—泵体；4—弹簧；
5—吸油单向阀；6—排油单向阀

完成吸油和压油工作过程的动力源；必须具有合适的配油关系，即吸油口和压油口不能同时开启。

液压马达是将来自液压泵输入的压力能转换成旋转形式的机械能，以转矩和转速形式来驱动外负载工作，按其职能来说属于执行元件。

二、液压泵的类型

液压泵的类型较多，大概可以分为以下几类。

按结构形式分：叶片泵、齿轮泵、柱塞泵。

按输出流量是否改变分：定量泵、变量泵。

按输出液流的方向分：单向泵、双向泵。

按工作压力分：低压泵、中压泵、高压泵。

其图形符号如图 3-2 所示。

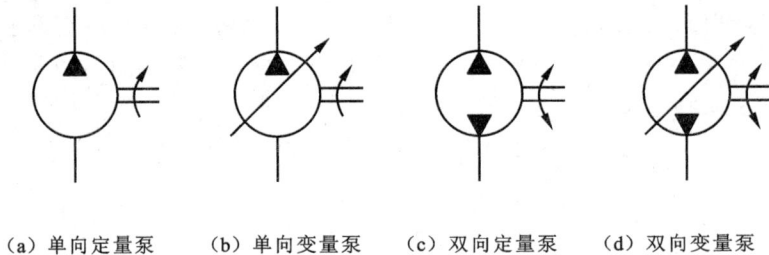

（a）单向定量泵　　（b）单向变量泵　　（c）双向定量泵　　（d）双向变量泵

图 3-2　液压泵的图形符号

三、液压泵的主要性能参数

（一）压力 p

工作压力：是指泵在实际工作时输出的压力，其数值决定于外负载。如果负载是串联的，泵的工作压力是这些负载压力之和；如果负载是并联的，则泵的工作压力决定于并联负载中最小的负载压力。

额定压力：是指泵在正常工作条件下，根据实验标准规定的可连续使用的最高压力，它反映了泵的能力（一般为泵铭牌上所标的压力）。在额定压力下运行时，泵有足够的流量输出，并且能保证较高的效率和寿命。

最高压力：比额定压力稍高，可看作泵的能力极限。一般不希望泵长期在最高压力下运行。

（二）排量 V 和流量 q

排量：液压泵的排量是指泵轴转一周所排出油液的体积，取决于液压泵密封腔几何尺寸的大小。液压泵的标牌上标注的排量是该泵的最大理论排量。

理论流量：在不考虑泄漏的情况下，泵在单位时间内排出液体的体积。

实际流量：泵在工作中，实际流出的流量，它等于泵的理论流量与泄漏量之差。

额定流量：在正常工作条件下，按实验标准规定必须保证的流量，亦即在额定转速和额定压力下泵输出的实际流量。

（三）功率 P

在液压系统中，液体所具有的功率等于压力和流量的乘积。

任务二 齿轮泵

一、概述

齿轮泵是液压泵中结构最简单的一种泵，它抗污染能力强，价格最便宜。但一般齿轮泵容积效率较低，轴承上不平衡力大，工作压力不高。齿轮泵的另一个重要缺点是流量脉动大，运行时噪声水平较高，在高压下运行时尤为突出。齿轮泵主要用于低压或噪声水平限制不严的场合。一般机械的润滑泵以及非自吸式泵的辅助泵都采用齿轮泵。

从结构上看齿轮泵可分为外啮合和内啮合两类，其中以外啮合齿轮泵应用更广泛。图 3 - 3 为德国 Rexroth 公司生产的单泵及多级齿轮泵。

图 3 - 3 齿轮泵实物

二、外啮合齿轮泵的结构及工作原理

外啮合齿轮泵主要由前、后泵盖，泵体，齿轮，浮动轴套等组成，其具体结构如图 3 - 4 所示。

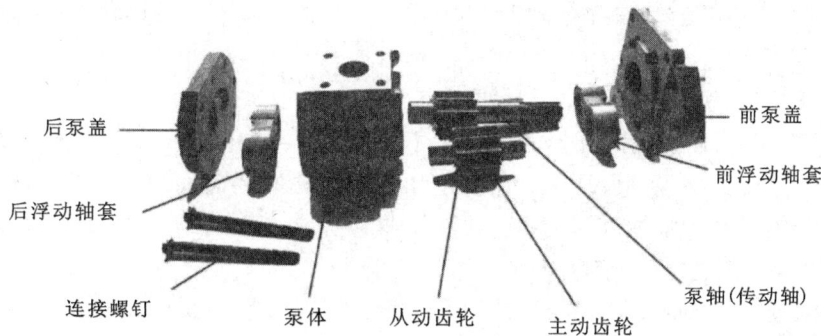

图 3 - 4 外啮合齿轮泵的结构

后泵盖　后浮动轴套　连接螺钉　泵体　从动齿轮　主动齿轮　泵轴(传动轴)　前浮动轴套　前泵盖

外啮合齿轮泵的工作原理如图 3-5 所示，它由一对完全相同的齿轮啮合，由于 $\varepsilon > 1$（ε 为齿轮啮合的重叠系数），产生左右两腔的体积变化，左边齿轮逐渐脱开啮合，A 腔由小变大，实现吸油；右边齿轮逐渐进入啮合，B 腔由大变小，形成压力油，实现压油。同时在啮合过程中啮合点沿啮合线移动，把这两区分开，起配油作用。

三、外啮合齿轮泵存在的问题及改善措施

(一)泄漏

齿轮泵存在着三个可能产生泄漏的部位：齿轮端面和端盖间；齿轮外圆和壳体内孔间以及两个齿轮的齿面啮合处。其中对泄漏影响最大的是齿轮端面和端盖间的轴向间隙，通过轴向间隙的泄漏量可占总泄漏量的 75% ~ 80%，因为这里泄漏途径短，泄漏面积大。轴向间隙过大，泄漏量多，会使容积效率降低；但间隙过小，齿轮端面和端盖之间的机械摩擦损失增加，会使泵的机械效率降低。因此设计和制造必须严格控制泵的轴向间隙。

改善措施：在齿轮端面与端盖间增加浮动轴套。通过在浮动零件的背面引入压力油，让压紧力稍大于反推力，可以保证齿轮端面端盖间的轴向泄漏较小。如图 3-6 所示。

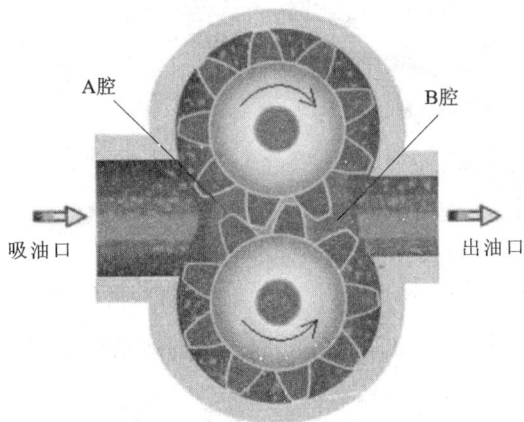

图 3-5　外啮合齿轮泵工作原理　　　　图 3-6　浮动轴套的工作原理

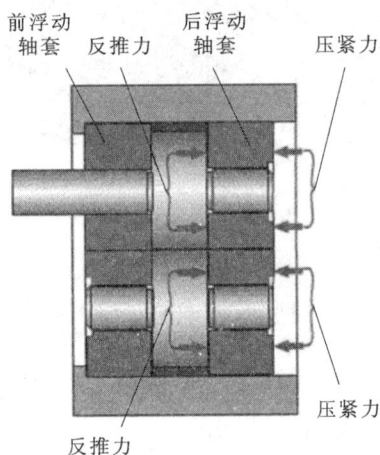

(二)径向不平衡力

在齿轮泵中，作用在齿轮外圆上的压力是不相等的，在压油腔和吸油腔处齿轮外圆和齿廓表面承受着工作压力和吸油腔压力，在齿轮和壳体内孔的径向间隙中，可以认为压力由压油腔压力逐渐分级下降到吸油腔压力，这些液体压力综合作用的结果，相当于给齿轮一个径向的作用力（即不平衡力）使齿轮和轴承受载。工作压力越大。径向不平衡力也越大。径向不平衡力很大时能使轴弯曲，齿顶与壳体产生接触，同时加速轴承的磨损，降低轴承的寿命。为了减小径向不平衡力的影响，有的泵上采取了缩小压油口的办法，使压力油仅作用在一个齿到两个齿的范围内，同时适当增大径向间隙，使齿轮在压力作用下，齿顶不能和壳体相接触。

改善措施：缩小压油口，减小受力面积；在浮动侧板（或浮动轴套）上开径向压力平衡槽。

（三）困油

齿轮泵要平稳工作，齿轮啮合的重叠系数必须大于1，也就是说要求在一对齿轮即将脱开啮合前，后面的一对齿轮就要开始啮合。就在两对轮齿同时啮合的这一小段时间内，留在齿间的油液困在两对齿轮和前后泵盖所形成的一个密闭空间中，当齿轮继续旋转时这个空间的容积逐渐减小，直到两个啮

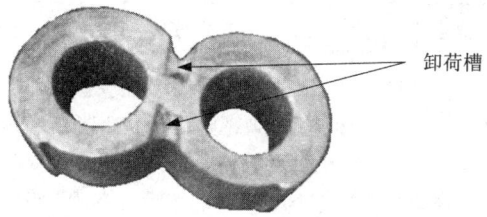

图3-7 轴套上开卸荷槽改善困油现象

合点处于节点两侧的对称位置时，这时，封闭容积减至最小。由于油液的可压缩性很小，当封闭空间的容积减小时，被困的油液受挤压，压力急剧上升，油液从零件接合面的缝隙中强行挤出，使齿轮和轴承受到很大的径向力；当齿轮继续旋转，这个封闭容积又逐渐增大到最大位置，容积增大时又会造成局部真空，使油液中溶解的气体分离，产生气穴现象，这些都将使齿轮泵产生强烈的噪声，这就是齿轮泵的困油现象。

改善措施：在端盖（或轴套或侧板）上开卸荷槽，保证吸、压油腔始终不通。

四、外啮合齿轮泵常见故障及排除方法

外啮合齿轮泵常见故障及排除方法如表3-1所示。

表3-1 外啮合齿轮泵常见故障及排除方法

故障现象	产生原因	排除方法
泵不排油或排量与压力不足	1.泵反向旋转；2.滤油器或吸油管道堵塞；3.液压泵吸油侧与吸油管段处密封不良有空气吸入，其表现为压力显示值最低，液压缸无力，油箱起泡等；4.油液黏度过高造成吸油困难，或温升过高导致油液黏度降低造成内泄漏过大；5.零件磨损，间隙增大，泄漏较大；6.泵的转速太低；7.油箱中液面太低；8.溢流阀有故障	1.调换改变泵转向；2.拆洗滤油器及吸油管道或更换油液；3.检查并紧固有关螺纹连接件或更换密封件；4.选择合适黏度的油液，检查诊断温升过高故障，防止油液黏度过大变化；5.检查有关磨损零件，进行修磨达到规定间隙；6.检查有无打滑现象；7.检查油面高度，并使吸油管插入液面以下；8.检查溢流阀的阀芯、弹簧及阻尼孔等诊断溢流阀故障
噪声及压力脉动振动较大	1.液压泵吸油侧及轴油封和吸油管段密封不良，有空气吸入；2.吸油管及滤油器堵塞或阻力太大造成液压泵吸力不足；3.吸油管外漏或伸入油处较浅或吸油高度过大；4.由于装配质量造成困油现象，卸荷槽（卸荷孔）的位置偏移，导致液压泵泵油时产生困油噪声，表现为随着油泵的旋转，不断地交替发出爆破声和嘶叫声，叫人难以忍受，规律性很强；5.齿形精度不高、节距有误差或齿线不平行；6.泵与电动机轴不同心或松动	1.加注黄油于连接处，若噪声减少，说明密封不良，应拧紧接头或更换密封；2.检查滤油器的容量及堵塞情况，及时处理；3.吸油管应伸入油面以下的2/3，防止吸油管口露出液面，吸油高度应不大于500 mm；4.打开液压泵一侧的端盖，轻轻转动主轴，检查两齿轮啮合与卸荷槽（孔）的微通情况，采用刮刀微量刮削多次修整多次实验，直至消除噪声为止；5.更换齿轮或配研与调整；6.按技术要求进行高速调整，检查直线性，保持同轴度在0.1 mm内

故障现象	产生原因	排除方法
温升过高	1.装配不当,轴向间隙小油膜破坏,形成干摩擦,机械效率降低;2.油压泵磨损严重,间隙过大泄漏增加;3.油液黏度不当(过高或过低);4.油液污染变质,吸油阻力过大;5.液压泵连续吸气,特别是高压泵,由于气体在泵内受绝热压缩,产生高温,表现为液压泵温度瞬时急剧升高	1.检查装配质量,调整间隙;2.修磨损件使其达到合适间隙;3.改用黏度合适的油液;4.更换新油;5.停车检查液压泵进气部位,及时处理
液压泵旋转时不灵活或咬死	1.轴向间隙或径向间隙过小;2.装配不良,导致盖板轴承孔与主轴、泵与电机的连轴器的同心度不好;3.油液中杂质吸入泵内卡死运动	1.修复或更换泵的部件;2.修整、重装;3.加强滤油或更换新油

五、内啮合齿轮泵

如图 3-8 所示为内啮合齿轮泵实物工作原理。内转子 1 为齿轮,有 6 个齿。外转子 2 为内齿轮,有 7 个齿。内外转子的偏心距为 e。当内转子绕中心 O_1 旋转时外转子绕 O_2 同时旋转,内外转子能自动形成几个独立的密封容积。摆线泵按图示方向旋转时,右半部分的封闭容积增大,形成局部真空,并通过配油窗口 B 从油箱吸油[图 3-8(b)]。当转子转到图[图 3-8(c)]位置时,封闭容积最大。在图 3-8(d),油从 A 输出。

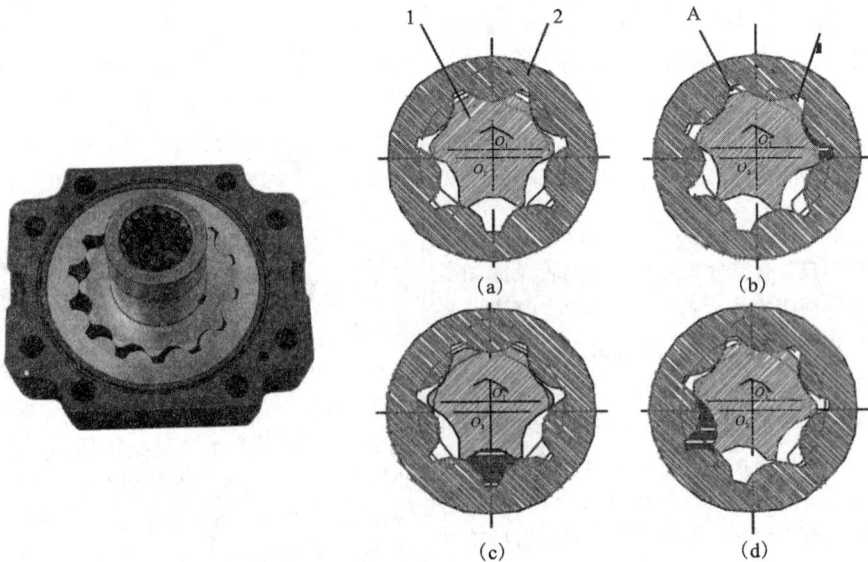

图 3-8 内啮合齿轮泵实物及工作原理

技能训练

一、准备工作。

设施设备：工作台(带橡胶垫)6 张；钳工台(配台虎钳开口 100)6 张；齿轮泵 6 台。

工具：开口扳手 6 套；铜棒 6 根；榔头 6 把；橡皮锤 6 把。

材料：柴油/煤油 6 桶；液压油 6 桶；清洗盆 12 个；油刷 12 把；脱脂擦布若干。

二、认读铭牌及查阅技术资料，获取信息。

三、打开油口堵头，将齿轮泵内残存油液排放干净，并将齿轮泵外部擦拭干净。

四、齿轮泵拆解。

(1)外部标记。

(2)拆卸泵体与泵盖的连接螺栓(注意对角拧松)，将泵体与泵盖分开。

(3)从泵体中取出浮动轴套(浮动侧板)、主动齿轮、从动齿轮、密封圈，依次摆放整齐。

五、认知零部件及其作用，对照实物分析工作原理。

(1)前泵盖：密封，方便安装。

(2)浮动轴套：密封，减少齿轮端面与泵盖之间的泄漏(端面泄漏)；开有泄荷槽：解决困油问题；支撑齿轮轴。

(3)齿轮：在传动轴的作用下转动，实现吸、压油。

(4)泵体：配合齿轮形成密封容积，开设油口。

(5 后泵盖：密封。

(6)传动轴：将外部动力传输给齿轮。

六、清洗零部件。用煤油或柴油清洗主动齿轮、从动齿轮、浮动轴套、泵体内壁及油口、前后泵盖的内表面、密封圈，之后将清洗液擦拭干净。

七、检修。对所有零件进行目视检查，对损伤严重的零件用仪器检测。

(1)齿轮：检查齿轮磨损情况、齿面是否有裂痕、齿轮啮合处的间隙、齿顶与泵体内壁的间隙。

(2)浮动轴套：检查工作面的磨损情况、是否有刮痕，查看密封圈是否老化、形态是否完整。

(3)泵体：检查内壁的磨损情况、是否有刮痕，检查上、下工作面上的 O 形密封圈。

(4)前、后泵盖：检查内表面磨损情况。

八、装配。按照正确的步骤装配齿轮泵。注意装配前要用液压油润滑相关零部件。步骤为：将后浮动轴套装入泵体(若有"3"字形密封圈，则其背面对泵体的压油口)、装入齿轮(注意主动齿轮轴伸出端与前泵盖的配合位置)、装入后浮动轴套、装前后泵盖、装连接螺栓(注意对角拧紧)、检查传动轴的转动情况。

九、各组组员依次练习上述操作步骤。

十、考核。

每组随机抽取 1 名组员，完成上述步骤。

考核标准如表 3-2 所示。

表 3 – 2 考核标准

考核时间	序号	考核项目	满分	评分标准	得分
20 mim	1	拆解齿轮泵	10	错一处扣 5 分	
	2	齿轮泵零部件认知	20	错一处扣 5 分	
	3	齿轮泵工作原理分析	20	根据表述情况酌情扣分	
	4	清洗、检修零部件	20	错一处扣 5 分	
	5	装配齿轮泵	20	错一处扣 5 分	
	6	6S	10	整理遗漏酌情扣分	
	7	因违规操作造成人身伤害或设备事故,计 0 分			
分数总计			100		

任务三 叶片泵

叶片泵有两类：双作用叶片泵和单作用叶片泵。双作用叶片泵是定量泵，单作用叶片泵往往做成变量泵。叶片泵主要用于机床。

一、双作用叶片泵

(一)结构和工作原理
双作用叶片泵主要由定子、转子、叶片、配油盘等组成，其具体结构如图3-9所示。

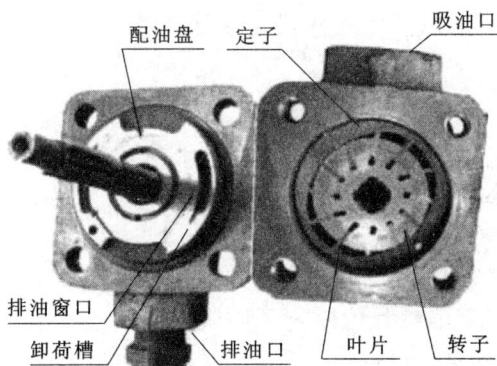

图3-9 双作用叶片泵结构

双作用叶片泵工作原理可由图3-10说明。当转子3和叶片4一起按图示方向旋转时，由于离心力的作用，叶片4紧贴在定子1的内表面，把定子内表面、转子外表面和两个配油盘形成的空间分割成八块密封容积。随着转子的旋转，每一块密封容积会周期性地变大和缩小。转子每转一转，各密封容积变化两个循环。所以密封容积每转内吸油、压油两次，称为双作用叶片泵。双作用使排量增加一倍，流量也相应增加。

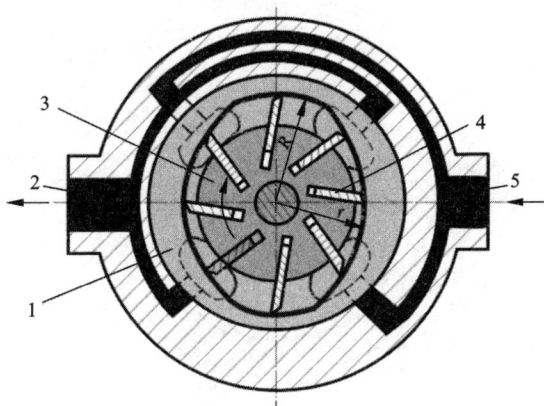

图3-10 双作用叶片泵工作原理

25

(二)结构上的若干特点

1. 保持叶片与定子内表面接触

转子旋转时保证叶片与定子内表面接触是泵正常工作的必要条件。双作用叶片泵工作时，它的叶片靠旋转时的离心力甩出，但在压油区叶片顶部有压力油作用，只靠离心力不能保证叶片与定子可靠接触。为此，将压力油也通至叶片底部。但这样做在吸油区时叶片对定子的压力又嫌过大，使定子吸油区过渡曲线部位磨损严重。减少叶片厚度可减少叶片底部的作用力，但受到叶片强度的限制，叶片不能过薄。这往往成为提高叶片泵工作压力的障碍。在高压叶片泵中采用各种结构来减小叶片对定子的作用力。

2. 端面间隙

为了使转子和叶片能自由旋转，它们与配油盘二端面间应保持一定间隙。但间隙也不能过大，过大会使泵的内泄漏增加，泵容积效率降低。一般中、小规格的泵其端面间隙为 0.02 ~ 0.04 mm。

3. 定子曲线

这里指的是连接四段圆弧的过渡曲线。较早期的泵采用阿基米德螺旋线。采用阿基米德螺旋线时，叶片径向速度不变，不会引起泵流量脉动。

4. 叶片倾角

从图 3 - 10 中可看出叶片顶部顺转子旋转方向转过一角度 θ。很明显，叶片顶部与定子曲线间是滑动摩擦。在压油区，叶片依靠定子内表面迫使叶片沿叶片槽向里运动，其作用与凸轮相似，叶片与定子内表面接触时有一定压力角。

二、单作用叶片泵

单作用叶片泵工作原理如图 3 - 11 所示。由图 3 - 11 可以看出，与双作用叶片泵的主要差别在于它的定子是一个与转子偏心放置的圆环。转子 1 每转一转，转子 1、定子 2、叶片 3 和配油盘形成的密封容积只变换一次，所以配油盘上只需要一个配油窗口。

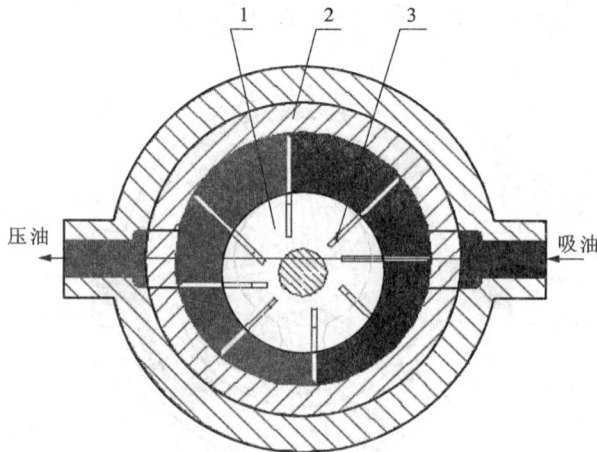

图 3 - 11 单作用叶片泵工作原理

1—转子；2—定子；3—叶片

26

技能训练

一、准备工作。

设施设备：工作台（带橡胶垫）6 张；钳工台（配台虎钳开口 100）6 张；双作用叶片泵 6 台。

工具：开口扳手 6 套；内卡环钳 6 把；外卡环钳 6 把；一字起 6 把；铜棒 6 根；榔头 6 把；橡皮锤 6 把；

材料：柴油/煤油 6 桶；液压油 6 桶；清洗盆 12 个；油刷 12 把；脱脂擦布若干。

二、认读铭牌及查阅技术资料，获取信息。

三、打开油口堵头，将叶片泵内残存油液排放干净，并将叶片泵外部擦拭干净。

四、叶片泵拆解。

（1）外部标记。

（2）拆卸泵体与安装面板的 3 个连接螺栓，将泵体与安装面板分开。

（3）拆卸前泵体与后泵体的 4 个连接螺栓，取出后泵体，从前泵体中取出传动轴及轴承，取出前、后配油盘及定子、转子、叶片整体。

（4）松开后配油盘、定子及前配油盘的 2 个连接螺丝钉，依次取出后配油盘、定子、转子及叶片、前配油盘，并依次摆放（注意叶片和转子的标记）。

五、认知零部件及其作用，对照实物分析工作原理。

（1）安装面板：方便安装叶片泵，轴端密封。

（2）传动轴：将外部动力输入，带动转子旋转。

（3）前泵体：密封，开出油口。

（4）前配油盘：分配压油。开有两处低压油小油口（引低压油润滑轴承）、两处高压油小油口（引高压油至叶片底部，保证叶片在高压区时，在离心力的作用下，能够被甩出）。

（5）定子：配合转子外壁、叶片、前后配油盘形成变化的密闭容积。

（6）转子：在传动轴的作用下旋转，将叶片甩出，贴紧定子内壁。

（7）叶片：配合形成变化的密闭容积，实现吸、压油。

（8）后配油盘：分配吸油。

（9）后泵体：密封，开进油口。

六、清洗零部件。用煤油或柴油清洗转子、叶片、定子、前配油盘、后配油盘、泵体内部、进出油口及油槽。

七、检修。对所有零件进行目视检查，对损伤严重的零件用仪器检测。

（1）叶片：磨损情况、叶片与转子叶片槽的间隙。

（2）转子：工作面的磨损情况、是否有刮痕。

（3）定子：内壁的磨损情况、是否有刮痕。

（4）前配油盘：密封圈。

（5）后配油盘：密封圈。

（6）前、后泵体：工作面上的 O 形密封圈。

八、装配。按照正确的步骤装配叶片泵。注意装配前要用液压油润滑相关零部件。

（1）装配前配油盘、后配油盘、定子、转子与叶片。注意根据铭牌上所标注的转向，确定转子的安装方向(叶片倾角与转动方向一致)。定子安装(密闭容积增大时,应对吸油区;减小时,应对压油区)时用一字起拧紧两颗连接螺钉。

(2)将上述整体装入后泵体(注意螺钉顶端与泵体内部的定位)。

(3)安装前泵体。

(4)安装轴承与传动轴。

(5)装配安装面板(注意正反面)。

(6)检查传动轴的转动情况。

九、各组组员依次练习上述操作步骤。

十、考核。

每组随机抽取 1 名组员,完成上述步骤。

考核标准如表 3 - 3 所示。

表 3 - 3　考核标准

考核时间	序号	考核项目	满分	评分标准	得分
20 mim	1	拆解双作用叶片泵	10	错一处扣 5 分	
	2	叶片泵零部件认知	20	错一处扣 5 分	
	3	叶片泵工作原理分析	20	根据表述情况酌情扣分	
	4	清洗、检修零部件	20	错一处扣 5 分	
	5	装配双作用叶片泵	20	错一处扣 5 分	
	6	6S	10	整理遗漏酌情扣分	
	7	因违规操作造成人身伤害或设备事故,计 0 分			
分数总计			100		

28

任务四　柱塞泵

一、直轴式柱塞泵的结构及工作原理

德国 Rexroth 公司生产的 A11VLO 直轴式柱塞泵（主要用于三一重工生产的混凝土输送设备上），其实物、剖切图分别如图 3-12、图 3-13 所示。

图 3-12　A11VLO 直轴式柱塞泵实物

图 3-13　A11VLO 剖切图

直轴式柱塞泵工作原理如图 3-14 所示。传动轴 5 带动缸体 3 及柱塞 2 旋转，因柱塞端点紧贴斜盘 1，使柱塞与缸体之间的容积发生变化。与此同时，在容积由小变大时，空腔与配油盘的吸油口 6 相通，完成吸油；在容积由大变小时，空腔与配油盘的压油口 7 相通，完成压油。缸体每转一转，每个柱塞往复运动一次，完成一次吸油动作。改变斜盘的倾角，就可以改变密封工作容积的有效变化量，实现泵的变量。

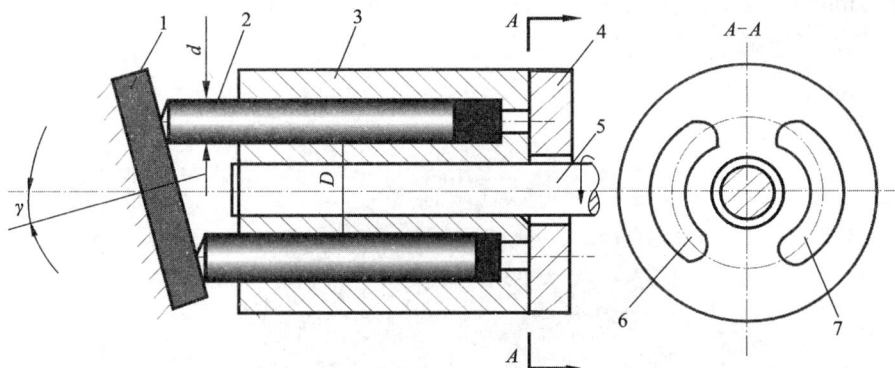

图 3-14　直轴式柱塞泵工作原理

1—斜盘；2—柱塞；3—缸体；4—配油盘；5—传动轴；6—吸油口；7—压油口

其完整的结构如图 3 – 15 所示。

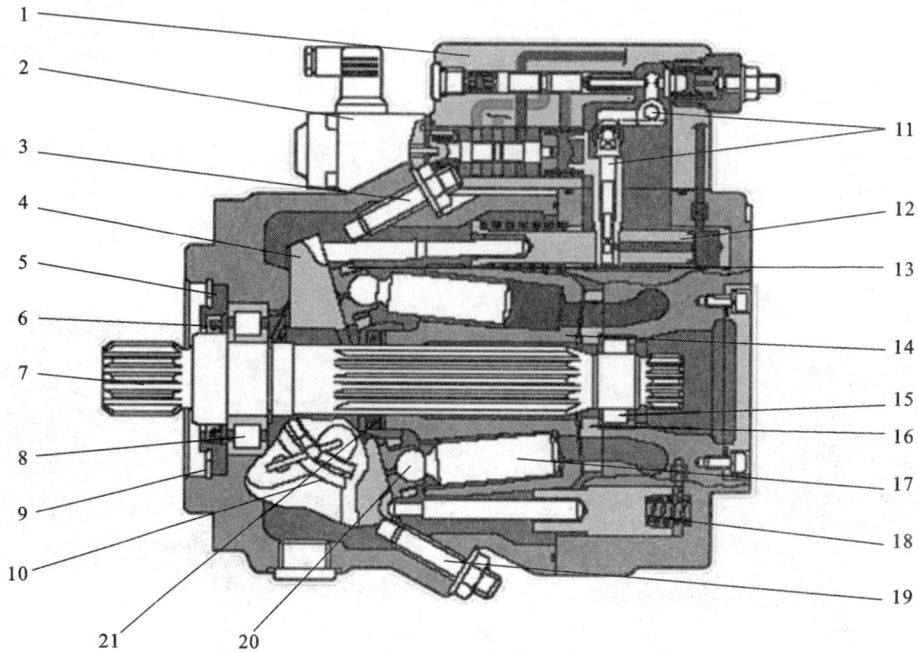

图 3 – 15　直轴式柱塞泵的结构原理

1—LRDU2 控制阀；2—比例电磁铁；3—最小排量限位螺钉；4—斜盘；5—轴封座；6—轴封；7—主轴；8—前轴承；9—轴封卡簧；10—月牙轴承；11—恒功率控制组件摇臂、滚轮柱机构；12—上变量油缸；13—回程盘；14—缸体；15—后轴承；16—配油盘；17—柱塞；18—下变量油缸；19—最大排量限位螺钉；20—球铰；21—碟形弹簧

二、斜轴式柱塞泵的结构及工作原理

德国 Rexroth 公司的 A2FO 系列泵，其主要实物如图 3 – 16 如示。三一重工生产的泵车选用它作为泵车臂架泵。

图 3 –16　A2FO 实物图

其工作原理图如图 3 - 17 所示。传动轴 5 的轴线相对于缸体 3 有倾角 g，柱塞 2 与传动轴圆盘之间用相互铰接的连杆 4 相连。转动轴 5 旋转时，连杆 4 就带动柱塞 2 连同缸体 3 一起绕缸体轴线旋转，柱塞 2 同时也在缸体的柱塞孔内做往复运动，使密封腔容积不断发生增大和缩小的变化，通过配油盘 1 上的窗口 6 和 7 实现吸油和压油。

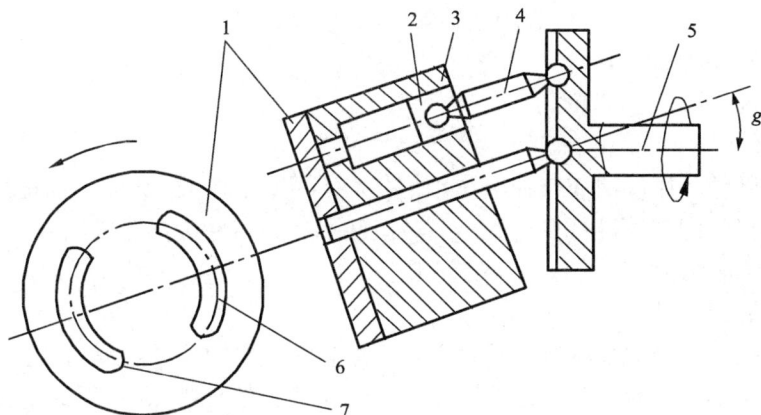

图 3 - 17 斜轴式柱塞泵工作原理
1—配油盘；2—柱塞；3—缸体；4—连杆；5—传动轴；6—吸油窗口；7—压油窗口

技能训练

一、准备工作。

设施设备：工作台(带橡胶垫)6 张；钳工台(配台虎钳开口 100)6 张；轴向柱塞泵 6 台。

工具：内六角扳手 6 套；内卡环钳 6 把；外卡环钳 6 把；一字起 6 把；铜棒 6 根；榔头 6 把；橡皮锤 6 把。

材料：柴油/煤油 6 桶；液压油 6 桶；清洗盆 12 个；油刷 12 把；脱脂擦布若干。

二、认读铭牌及查阅技术资料，获取信息。

三、打开油口堵头，将柱塞泵内残存油液排放干净，并将柱塞泵外部擦拭干净。

四、柱塞泵拆解。

(1)外部标记。

(2)用一字起拆卸后端盖，取出轴后端的卡环，拿出增压泵，取出轴后端的另一卡环。

(3)松开前后泵体的连接螺栓，分离前后泵体，取出轴承及传动轴。

(4)取出斜盘、回程盘、缸体、柱塞等，并按序摆放(注意柱塞与缸体的标记)；取出后泵体中的配油盘。

五、认知零部件及其作用，对照实物分析工作原理。

(1)后端盖：密封。

(2)增压泵：增加进油压力，提升泵的自吸能力。

(3)配油盘：分配吸、压油。

(4)缸体：转动，在斜盘的作用下，配合柱塞完成吸压油。

（5 柱塞：与缸体柱塞孔配合，实现吸、压油。

（6）滑靴：耐磨、润滑、方便将柱塞支撑在回程盘上。

（7）回程盘：支撑柱塞。

（8）碟簧：与球铰配合，一方面使缸体底端与配油盘更加贴紧，另一方面使滑靴与斜盘更加贴紧。

（9）球铰：与回程盘配合，形成球面铰接，同时与碟簧配合工作。

（10）斜盘：改变泵的排量。

（11）变量油缸：改变斜盘的角度。

（12）前后泵体：密封、开油口。

六、清洗零部件。用煤油或柴油清洗内部核心零件、工作面、油道、油槽等。

七、检修。对所有零件进行目视检查，对损伤严重的零件用仪器检测。

（1）柱塞表面情况，柱塞与柱塞孔的间隙。

（2）回程盘是否开裂。

八、装配。按照正确的步骤装配柱塞泵。注意装配前要用液压油润滑相关零部件。

将碟簧与球铰装在缸体上部（注意每对碟簧的安装，背对背），回程盘与铰接配合（注意回程盘的正反面），将柱塞装入缸体的柱塞孔（注意标记），将上述整体放入后泵体上（注意斜盘薄面对小变量油缸），将前泵体合上（注意泵体上的标记，或注意铭牌对小变量油缸）。装入轴承及传动轴。装增压泵、后端盖。检查传动轴的转动情况。

九、各组组员依次练习上述操作步骤。

十、考核。

每组随机抽取 1 名组员，完成上述步骤。

考核标准如表 3 - 4 所示。

表 3 - 4　考核标准

考核时间	序号	考核项目	满分	评分标准	得分
20 mim	1	拆解轴向柱塞泵	10	错一处扣 5 分	
	2	柱塞泵零部件认知	20	错一处扣 5 分	
	3	柱塞泵工作原理分析	20	根据表述情况酌情扣分	
	4	清洗、检修零部件	20	错一处扣 5 分	
	5	装配轴向柱塞泵	20	错一处扣 5 分	
	6	6S	10	整理遗漏酌情扣分	
	7	因违规操作造成人身伤害或设备事故，计 0 分			
分数总计			100		

本项目小结

本章介绍了液压泵的不同分类方法，重点讲述了齿轮泵、叶片泵、柱塞泵的结构特点、工作原理，并列举了齿轮泵的常见故障及排除方法。

复习思考题

1. 简述容积式液压泵工作的必备条件。
2. 简述齿轮泵的三大问题及其改善办法。
3. 简述轴向柱塞泵的主要结构。

项目四
执行元件

教学目标

知识目标：了解液压马达的不同分类及其特点；掌握液压马达图形符号的画法，掌握齿轮马达、柱塞马达的结构、工作原理及常见故障的排除方法；了解液压缸的分类、结构、工作原理；知悉液压缸常见故障的排除方法。

能力目标：能够分析液压马达的工作原理和应用；能够正确选用并合理使用液压马达；能够正确使用液压油缸。

任务一　液压马达

一、液压马达的分类及特点

液压马达按其结构可分为齿轮式、叶片式、柱塞式等。

液压马达按额定转速可分为高速（高于 500 r/min）、低速（低于 500 r/min）。

高速液压马达的基本形式有齿轮式、轴向柱塞式、叶片式和螺杆式等。其输出转矩不大（几十到几百牛米），又称高速小转矩马达。

低速液压马达的基本形式是径向柱塞式，其主要特点是排量大、体积大、转速低（可达每分钟几转甚至零点几转）、输出转矩大（可达几千牛米到几万牛米），所以又称为低速大转矩液压马达。

液压马达的图形符号如图 4 - 1 所示。

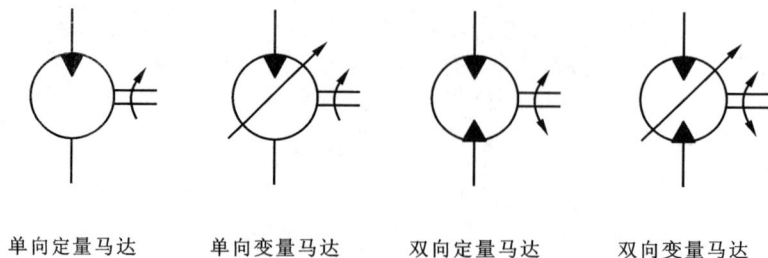

　　单向定量马达　　　单向变量马达　　　双向定量马达　　　双向变量马达

图 4 - 1　液压马达图形符号

二、齿轮马达

（一）齿轮马达的工作原理

图4-2为外啮合齿轮马达的工作原理图。当高压油输入马达高压腔时，处于高压腔的所有齿轮均受到压力油的作用，其中有一对啮合齿轮与两个进入壳体内腔的齿面受力不平衡。设啮合点 c 到两个齿轮齿根的距离分别为 a 和 b，由于 a 和 b 均小于齿高 h，则左右侧齿轮产生转矩的作用力 $pB(h-a)$ 和 $pB(h-b)$，B 为齿宽。在这两个力的作用下，齿轮在压力油脱离啮合运动，输出扭矩。

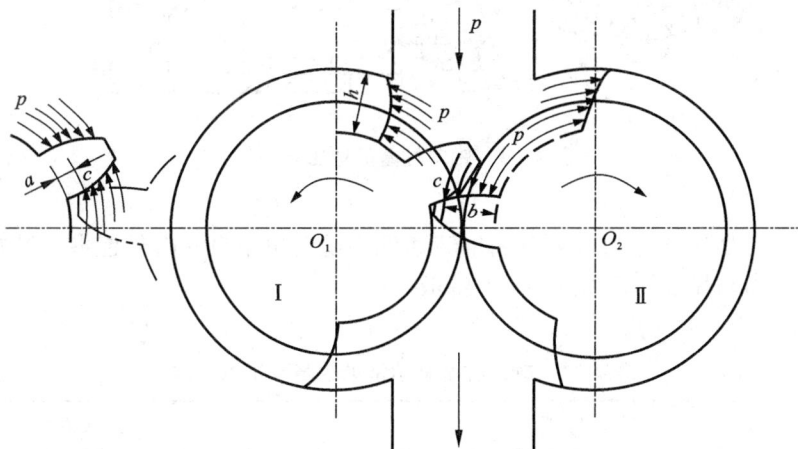

图4-2 外啮合齿轮马达工作原理

（二）结构特点

齿轮马达和齿轮泵在结构上的主要区别如下：

（1）齿轮泵一般只需一个方向旋转，为了减小径向不平衡液压力，因此吸油口大，排油口小。而齿轮马达则需正、反两个方向旋转，因此进出油口大小相等。

（2）齿轮马达的内泄漏不能像齿轮泵那样直接引到低压腔去，而必须单独的泄漏通道引到壳体外去。因为马达低压腔有一定背压，如果泄漏油直接引到低压腔，所有与泄漏通道相连接的部分都按回油压力承受油压力，这可能使轴端密封失效，令齿轮马达双向旋转。

（3）为了减少马达的启动摩擦扭矩，并降低最低稳定转速，一般采用滚针轴承和其他改善轴承润滑冷却条件等措施。

齿轮马达具有体积小、质量轻、结构简单、工艺性好、对污染不敏感、耐冲击、惯性小等优点。因此，在矿山、工程机械及农业机械上广泛使用。但由于压力油作用在液压马达齿轮上的作用面积小，所以输出转矩较小，一般都用于高转速低转矩的情况下。

三、轴向柱塞液压马达

轴向柱塞马达的工作原理如图4-3所示。当压力油进入缸体孔时，压力油作用力作用在柱塞上将其顶出，经滑靴传递到斜盘；斜盘产生法向反力 F_n，其水平分力 F_x 与柱塞上的液压力 F 平衡，而垂直分力 F_y 则使每个柱塞都对转子中心产生一个转矩，使缸体和马达轴旋转。可以看出,液压马达总的输出转矩等于处在马达压力腔半圆内各柱塞瞬时转矩的总和。

由于柱塞的瞬时方位角呈周期性变化,液压马达总的输出转矩也周期性变化,所以液压马达输出的转矩是脉动的,通常只计算马达的平均转矩。

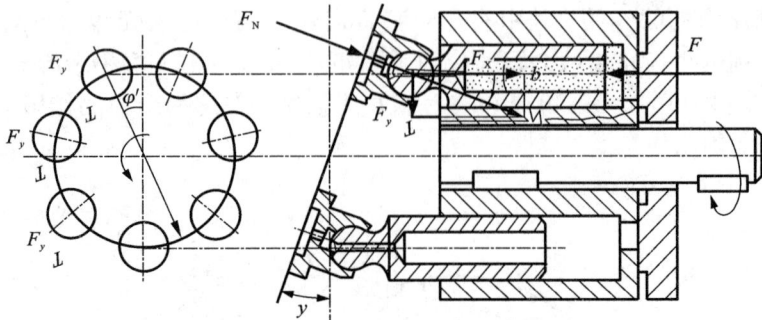

图4-3 轴向柱塞马达工作原理

轴向柱塞液压马达常见的故障有输出转速低、输出扭矩低、内外泄漏、异常声响等。产生这些故障的原因与排除方法如表4-1所示。

表4-1 轴向柱塞马达常见故障及排除方法

故障现象	产生原因	排除方法
转速低、扭矩小	1.液压泵供油量不足: (1)转速不够;(2)吸油滤油器滤网堵塞;(3)油箱中油量不足或管径过小造成吸油困难;(4)密封不严,有泄漏,空气进入内部;(5)油的黏度过大;(6)液压泵的轴向及径向间隙过大,泄漏量大,容积效率低。 2.液压泵输入油压不足: (1)液压泵效率太低;(2)溢流阀调整压力不足或发生故障;(3)管道细长,阻力太大;(4)油温过高,黏度下降,内部泄漏增加。 3.液压马达各接合面有严重泄漏。 4.液压马达内部零件磨损,泄漏严重	1.设法改善供油: (1)进行调整;(2)清洗或更换滤芯;(3)加足油量,适当加大管径,使吸油通畅;(4)拧紧有关接头;(5)选择黏度小的油液;(6)适当修复液压泵。 2.设法提高油压: (1)检查液压泵故障,并加以排除;(2)检查溢流阀故障,并加以排除,重新调整压力;(3)适当加大管径,并调整其布置;(4)检查油温升高原因,降温、更换黏度较高的油。 3.拧紧损伤部位,修磨更换零件。 4.检查损伤部位,修磨更换零件
泄漏	1.内部泄漏: (1)配油盘与缸体端面磨损,轴向间隙过大; (2)弹簧疲劳; (3)柱塞与缸孔磨损严重。 2.外部泄漏: (1)轴端密封不良或密封圈损坏; (2)接合面及管接头的螺栓松动或没有拧紧	1.排除内泄: (1)修磨缸体及配油端面; (2)更换弹簧; (3)研磨缸体孔,重配柱塞。 2.排除外泄: (1)更换密封圈; (2)将有关连接部位的螺栓及管接头拧紧

四、径向柱塞马达

(一)概述

前面所述的液压马达,其转速高、转矩小,通常称为高速马达。而建设机械中工作装置的特点为转速低、转矩大,如使用高速马达则必须通过减速装置进行减速增扭后来驱动工作装置,这样会使整个传动机构变得复杂。径向柱塞马达为低速大转矩液压马达,其特点是转矩大、低速稳定性好(一般可在 10 r/min 以下平稳运转),因此可以直接与工作装置连接,不需要减速装置,使机械的传动系统大为简化,所以在起重机的卷筒、履带挖掘机的履带驱动轮、混凝土泵(车)的搅拌装置等建设机械中得到广泛的应用。径向柱塞马达在泵车上的位置如图 4-4 如示。

图4-4　混凝土泵(车)的搅拌马达

(二)分类

径向柱塞马达通常分为两种类型,即曲轴连杆式(单作用曲轴式)和多作用内曲线式。这里重点介绍混凝土泵(车)的搅拌装置用的多作用内曲线式径向柱塞马达,如图 4-5 所示。

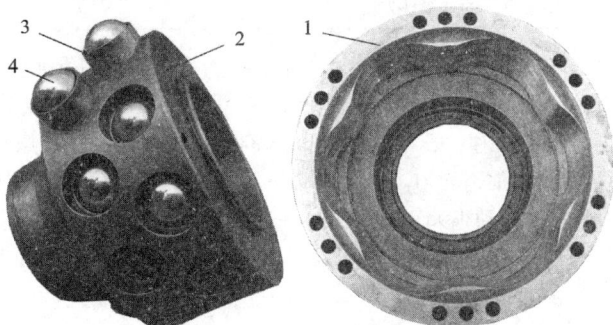

图4-5　径向柱塞马达结构图

1—定子导轨;2—缸体;3—柱塞;4—钢球

(三)工作原理

多作用内曲线式径向柱塞马达的工作原理如图4-6所示。当压力油进入下行活塞的活塞孔时，压力油作用力 F 作用在柱塞上将其顶出；转子产生法向反力 N，其沿活塞轴线分力 F_x 与柱塞上的液压力 F 平衡，而垂直分力 T 则使每个柱塞都对转子中心产生一个转矩，使转子旋转。

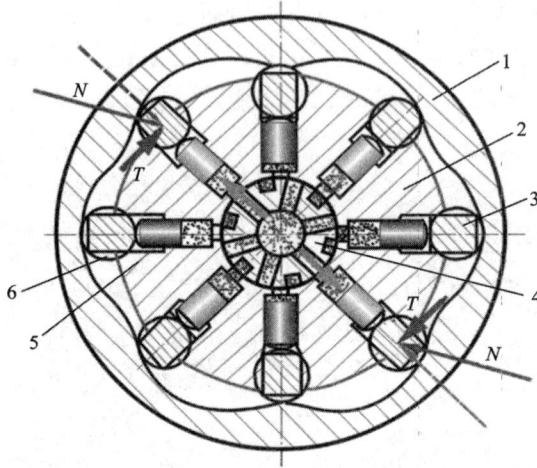

图4-6 径向柱塞马达工作原理图

1—定子导轨；2—缸体；3—柱塞孔；4—配油轴；5—柱塞；6—钢球

(四)径向柱塞马达常见故障及排除方法

径向柱塞液压马达常见的故障有输出轴的转动不均匀、发出激烈的撞击声、转速达不到设定值、输出扭矩达不到要求、输出轴不旋转、外泄漏等。产生这些故障的原因与排除方法如表4-2所示。

表4-2 径向柱塞马达常见故障及排除方法

故障现象	产生原因	排除方法
输出轴的转动不均匀	1.压力表显示值较低，应诊断为：(1)液压系统内存有空气；(2)液压泵连续吸入空气；(3)液压泵供油不均匀。 2.压力表显示值波动很大，应诊断为：(1)配油器(轴)的安装不正确；(2)柱塞被卡紧	1.提高供油压力：(1)排除系统及液压马达内的气体；(2)排除液压泵进气故障；(3)排除液压泵供油不均匀故障。 2.消除压力波动：(1)重装配油器(轴)，直至消除轴转动不均匀为止；(2)检修，配研

续表 4 – 2

故障现象	产生原因	排除方法
发出激烈的撞击声	1. 若每转的冲击次数等于液压马达的作用数，应诊断为柱塞卡紧； 2. 若有时发出撞击声，可诊断为： (1) 配油器(轴)错位；(2) 凸轮环工作表面扣环； (3) 滚轮轴承损坏	1. 检修、配研； 2. 排除撞击声： (1) 正确安装配油器(轴)；(2) 检修； (3) 更换
转速达不到设定值	1. 集油器漏油；2. 配油器(轴)间隙太大；3. 柱塞与柱塞缸孔间隙太大	检修过更换已损件
输出扭矩达不到要求	1. 同上，转速达不到设定值 2. 柱塞被卡紧	1. 检修或更换已损件； 2. 研修，配研
输出轴不旋转	1. 配油器(轴)被卡紧；2. 滚轮的轴承损坏；3. 主轴其他零件损坏	检修或更换已损零件
外泄漏	1. 紧固螺栓松动；2. 轴密封及其他密封件损坏	1. 拧紧、紧固； 2. 更换

任务二   液压缸

一、液压缸的基本特点

液压缸是将液压能转变为机械能、做直线往复运动(或摆动运动)的液压执行元件。它结构简单、工作可靠。用它来实现往复运动时,可免去减速装置,并且没有传动间隙,运动平稳。液压缸的特点:

(1)结构简单,制造容易,维修方便,工作可靠。

(2)质量轻,传力大,寿命长。

(3)运动惯性小,制动精度高,可做频繁换向。

(4)易于实现远控和自控。

二、液压缸的分类、组成和工作原理

(一)液压缸的分类

为了满足不同形式机械的不同用途的需要,液压缸相应地具有多种结构和不同性能的类型。如按运动形式来分,有直线移动缸和摆动液压缸;如按液压执行情况来分,有单作用缸和双作用缸;如按结构形式来分,有活塞缸、柱塞缸、伸缩套筒缸和摆动缸等。用于泵车上摆缸的液压缸实物如图4-7所示。

图4-7   泵车摆缸的液压缸实物

(二)液压缸的工作原理

1. 活塞式液压缸

(1)单活塞杆液压缸。

单活塞杆液压缸只有一端有活塞杆。如图4-8所示是一种单活塞杆液压缸。其两端进出油口 A 和 B 都可通压力油或回油,以实现双向运动,故称为双作用缸。

图4-8所示的液压缸,它是由缸底 1、缸筒 10、缸盖 13 以及活塞 5 和活塞杆 15 等组成。缸筒一端与缸底焊接,另一端与缸盖采用螺纹连接,以便于拆装检修,两端设有油口 A 和 B。利用卡环 4、套环 3 和弹簧挡圈 2 使活塞与活塞杆构成卡键连接,结构紧凑便于装卸。缸筒内壁表面粗糙度要求较高,为了避免与活塞直接发生摩擦而造成拉缸事故,活塞上套有支撑环 7,通常由聚四氟乙烯或尼龙等耐磨材料制成,但不起密封作用。缸内两腔之间的密封是靠活塞内孔的 O 形密封圈 6,以及挡圈 8 和 Y 形密封圈 9 来保证,当有油压时,Y 形密封圈

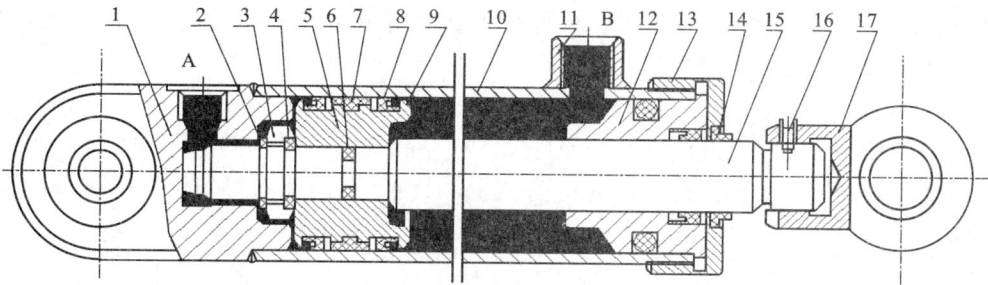

图 4-8 单活塞杆液压缸结构图

1—缸底；2—弹簧挡圈；3—套环；4—卡环；5—活塞；6—O 形密封圈；7—支撑环；
8—挡圈；9—Y 形密封圈；10—缸筒；11—管接头；12—导向套；13—缸盖；14—防尘
圈；15—活塞杆；16—定位螺钉；17—耳环

的唇边就会张开贴紧活塞和缸壁表面，压力越高贴得越紧，从而防止内漏。活塞杆表面同样具有较高的光洁度，为了确保活塞杆的移动不偏离中轴线，以免损伤缸壁和密封件，并改善活塞杆与缸盖孔的摩擦，特在缸盖一端设置导向套 12，是用青铜或铸铁等耐磨材料制成。考虑到活塞杆外露部分会黏附尘土，故缸盖孔口处设有防尘圈 14。

　　为了减轻活塞行程完了时对缸底或缸盖的冲击，两端设有缝隙节流缓冲装置，当活塞快速运行临近缸底时，活塞杆端部的缓冲柱塞将回油口堵住，迫使剩油只能从柱塞周围的缝隙挤出，于是速度迅速减慢实现缓冲，回程亦用同样原理获得缓冲。

　　（2）双活塞杆液压缸。

　　双活塞杆液压缸的两端都有活塞伸出，其组成与单活塞杆液压缸基本相同。如图 4-9 所示为双活塞杆液压缸的结构图，主要由缸筒 4、活塞 5 和两个活塞杆 1 等零件组成。缸筒 4 一般采用无缝钢管，内壁加工精度要求较高。活塞 5 和活塞杆 1 用开口销连接。活塞杆 1 由导向套导向，并用 V 形密封圈 6 密封，压盖 2 用来调整密封圈的松紧。两个缸盖 3 上开有进、出油口。

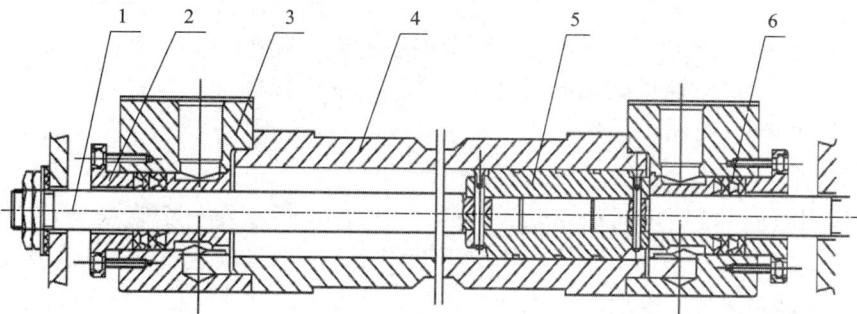

图 4-9 双活塞杆液压缸结构

1—活塞杆；2—压盖；3—缸盖；4—缸筒；5—活塞；6—V 形密封圈

当液压缸右腔进油、左腔回油时，活塞左移；反之，活塞右移。由于两边活塞杆直径相同,所以活塞杆两边的有效作用面积相同。若左右两端分别输入相同压力和流量的油液,则活塞上产生的推力和往返速度也相等。这种液压缸常用于往返速度相同且推力不大的场合,如用来驱动外圆磨床的工作台等。

2.柱塞式液压缸

图4-10所示为柱塞式液压缸结构原理图,它只能实现一个方向的运动,回程靠重力或弹簧力或其他力来推动。为了得到双向运动,通常成对、反向地布置使用。活塞杆5靠导向套来导向。

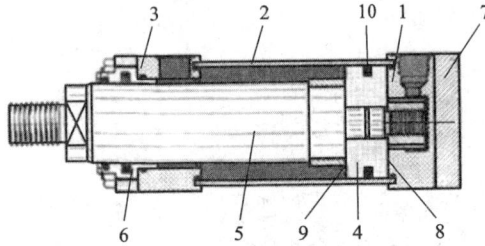

图4-10 柱塞式液压缸结构

1—缸底;2—缸筒;3—缸头;4—活塞;5—活塞杆;
6、8—O形密封圈;7—缸盖;9—定位套;10—组合密封圈

柱塞式液压缸特点:

(1)它是一种单作用式液压缸,靠液压力只能实现一个方向的运动,柱塞回程要靠其他外力或柱塞的自重;

(2)柱塞只靠缸套支承而不与缸套接触,这样缸套极易加工,故适于做长行程液压缸;

(3)工作时柱塞总受压,因而它必须有足够的刚度;

(4)柱塞质量往往较大,水平放置时容易因自重而下垂,造成密封件和导向环单边磨损,故其垂直使用更有利。

3.伸缩式液压缸

伸缩式液压缸具有二级或多级活塞,如图4-11所示。伸缩缸可实现较长的行程,而缩回时长度较短,结构较为紧凑。此种液压缸常用于工程机械和农业机械上。

伸缩式液压缸中活塞伸出的顺序是从大到小,而空载缩回的顺序则一般是从小到大。如图4-11所示为伸缩式液压缸的结构图,主要组成零件有缸体、活塞1、套筒活塞2等。缸体两端有进、出油口A和B。当A口进油,B口回油时,先推动一级活塞向左运动,由于一级活塞的有效作用面积大,所以运动速度低而推力大。一级活塞左行至终点时,二级活塞1在压力油的作用下继续向左运动,因其有效作用面积小,所以运动速度快,但推力小。套筒活塞2既是一级活塞,又是二级活塞的缸体,有双重作用。若B口进油,A口回油,则二级活塞1先退回至终点,然后一级活塞才退回。

伸缩式油缸的特点:活塞杆伸出的行程长,收缩后的结构尺寸小,使用于翻斗汽车、起重机的伸缩臂等。

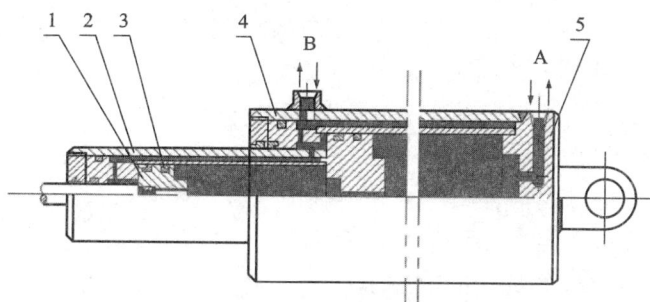

图 4 – 11 伸缩式液压缸结构
1—活塞；2—套筒活塞；3—O 形密封圈；4—缸筒；5—缸盖

三、液压缸常见故障及排除方法

（一）活塞杆不能动作
故障原因：

1. 压力不足

（1）油液未进入液压缸。

①换向阀未换向。

故障排除：检查换向阀未换向的原因并排除。

②系统未供油。

故障排除：检查液压泵和主要液压阀的故障原因并排除。

（2）虽有油，但没有压力。

①系统有故障，主要是泵或溢流阀有故障。

故障排除：检查泵或溢流阀的故障原因并排除。

②内部泄漏严重，活塞与活塞杆松脱，密封件损坏严重。

故障排除：紧固活塞与活塞杆并更换密封件。

（3）压力达不到规定值。

①密封件老化、失效，密封圈唇口装反或有破损。

故障排除：更换密封件，并正确安装。

②活塞环损坏。

故障排除：更换活塞环。

③系统调定压力过低。

故障排除：重新调整压力，直至达到要求值。

④压力调节阀有故障。

故障排除：检查原因并排除。

⑤通过调整阀的流量过小，液压缸内泄漏量增大时，流量不足，造成压力不足。

故障排除：调整阀的通过流量必须大于液压缸内泄漏量。

2. 压力已达到要求但仍不动作

（1）液压缸结构上的问题。

①活塞端面与缸筒端面紧贴在一起，工作面积不足，故不能启动。

故障排除：端面上要加一条通油槽，使工作液体迅速流进活塞的工作端面。

②具有缓冲装置的缸筒上单向阀回路被活塞堵住。

故障排除：缸筒的进出油口位置应与活塞端面错开。

（2）活塞杆移动"憋劲"。

①缸筒与活塞，导向套与活塞杆配合间隙过小。

故障排除：检查配合间隙，并配合到规定值。

②活塞杆与导向套之间的配合间隙过小。

故障排除：检查配合间隙，修刮导向套孔，使配合间隙达到要求。

③液压缸装配不良（如活塞杆、活塞和缸盖之间同轴度差，液压缸与工作台平行度差）。

故障排除：重新装配和安装，不合格零件应更换。

（3）液压回路引起的原因，主要是液压缸背压腔油液未与油箱相通，回油路上的调速阀节流口调节过小或连通回油的换向阀未动作。

（二）速度达不到规定值

故障原因：

1．内泄严重

（1）密封件破损严重。

故障排除：更换密封件。

（2）油的黏度太低。

故障排除：更换适宜黏度的液压油。

（3）油温过高。

故障排除：检查原因并排除。

2．外载荷过大

（1）设计错误，选用压力过低。

故障排除：核算后更换元件，调大工作压力。

（2）工艺和使用错误，造成外载比预定值大。

故障排除：按设备规定值使用。

3．活塞移动时"憋劲"

（1）加工精度差，缸筒孔锥度和圆度差。

（2）装配质量差。

①活塞、活塞杆与缸盖之间同轴度差。

故障排除：按要求重新装配。

②液压缸与工作台平行度差。

故障排除：按照要求重新装配。

③活塞杆与导向套配合间隙过小。

故障排除：检查配合间隙，修刮导向套孔，使配合间隙达到要求。

4．脏物进入滑动部位

（1）油液过脏。

故障排除：过滤或更换油液。

（2）防尘圈破损。

故障排除：更换防尘圈。

（3）装配时未清洗干净或带入脏物。

故障排除：拆开清洗，装配时要注意清洁。

5．活塞在端部行程时速度急剧下降

（1）缓冲调节阀的节流口调节过小，在进入缓冲行程时，活塞可能停止或速度急剧下降。

故障排除：缓冲节流阀的开口度要调节适宜，并能起到缓冲作用。

（2）固定式缓冲装置中节流孔直径过小。

故障排除：适当加大节流孔直径。

（3）缸盖上固定式缓冲节流环与缓冲柱塞之间间隙过小。

故障排除：适当加大间隙。

6．活塞移动到中途发现速度变慢或停止

（1）缸筒内径加工精度差，表面粗糙，使内泄量增大。

故障排除：修复或更换缸筒。

（2）缸壁胀大，当活塞通过增大部位时，内泄漏量增大。

故障排除：更换缸筒。

（三）液压缸产生爬行

故障原因：

1．缸内进入空气

（1）新液压缸、修理后的液压缸或设备停机时间过长的缸，缸内有气或液压缸管道中排气未排净。

故障排除：空载大行程往复运动，直到把空气排完。

（2）缸内部形成负压，从外部吸入空气。

故障排除：先用油脂封住结合面和接头处，若吸空情况有好转，则把紧固螺钉和接头拧紧。

（3）从缸到换向阀之间管道的容积比液压缸内容积大得多，液压缸工作时，这段管道上油液未排完，所以空气也很难排净。

故障排除：可在靠近液压缸的管道中取高处加排气阀。拧开排气阀，活塞在全行程情况下运动多次，把气排完后再把排气阀关闭。

（4）泵吸入空气。

（5）油液中混入空气。

（四）缓冲装置故障

故障原因：

1．缓冲作用过度

（1）缓冲调节阀的节流口开口过小。

故障排除：将节流口调节到合适位置并紧固。

（2）缓冲柱塞"憋劲"如柱塞头与缓冲环间隙太小、活塞倾斜或偏心。

故障排除：拆开清洗，适当加大间隙，不合格的零件应更换。

（3）在柱塞头与缓冲环之间有脏物。

故障排除：修去毛刺和清洗干净。

（4）固定式缓冲装置柱塞头与衬套之间间隙太小。

故障排除：适当加大间隙。

2. 缓冲作用失灵

（1）缓冲调节阀处于全开状态。

故障排除：调节到合适位置并紧固。

（2）惯性能量过大。

故障排除：应设计合适的缓冲机构。

（3）缓冲调节阀不能调节。

故障排除：修复或更换。

（4）单向阀处于全开状态或单向阀阀座封闭不严。

故障排除：检查尺寸，更换锥阀芯或钢球，更换弹簧并修复。

（5）活塞上密封件破损，当缓冲腔压力升高时，工作液体从此腔向工作压力一侧倒流，故活塞不减速。

故障排除：更换密封件。

（6）柱塞头或衬套内表面上有伤痕。

故障排除：修复或更换。

（7）镶在缸盖上的缓冲环脱落。

故障排除：更换新缓冲环。

（8）缓冲柱塞锥面长度和角度不适宜。

故障排除：修正。

3. 缓冲行程段出现"爬行"

（1）加工不良，如缸盖、活塞端面的垂直度不合要求，在全长上活塞与缸筒间隙不匀，缸盖与缸筒不同心，缸筒内径与缸盖中心线偏差大，活塞与螺帽端面垂直度不合要求造成活塞杆挠曲等。

故障排除：对每个零件均仔细检查，不合格的零件不准使用。

（2）装配不良，如缓冲柱塞与缓冲环相配合的孔有偏心或倾斜等。

故障排除：重新装配，确保质量。

（五）外泄漏

故障原因：

1. 装配不良

（1）液压缸装配时端盖装偏，活塞杆与缸筒不同心，使活塞杆伸出困难，加速密封件磨损。

故障排除：拆开检查，重新装配。

（2）液压缸与工作台导轨面平行度差，使活塞伸出困难，加速密封件磨损。

故障排除：拆开检查，重新安装，并更换密封件。

（3）密封件安装差错，如密封件划伤、切断，密封唇装反，唇口破损或轴倒角尺寸不对，密封件装错或漏装。

故障排除：更换并重新安装密封件。

（4）密封压盖未装好。

①压盖安装有偏差。

故障排除：重新安装。

②紧固螺钉受力不匀。

故障排除：重新安装，拧紧螺钉，使其受力均匀。

③紧固螺钉过长，使压盖不能压紧。

故障排除：按螺孔深度合理选配螺钉长度。

2. 密封件质量问题

（1）保管期太长，密封件自然老化失效。

（2）保管不良，变形或损坏。

（3）胶料性能差，不耐油或胶料与油液相容性差。

（4）制品质量差，尺寸不对，公差不符合要求。

3. 活塞杆和沟槽加工质量差

（1）活塞杆表面粗糙，活塞杆头部倒角不符合要求或未倒角。

（2）沟槽尺寸及精度不符合要求。

4. 油的黏度过低

（1）用错了油品。

（2）油液中掺有其他牌号的油液。

故障排除：更换适宜的油液。

5. 油温过高

（1）液压缸进油口阻力太大。

故障排除：检查进油口是否畅通。

（2）周围环境温度太高。

故障排除：采取隔热措施。

（3）泵或冷却器等有故障。

故障排除：检查原因并排除。

6. 高频振动

（1）紧固螺钉松动。

故障排除：应定期紧固螺钉。

（2）管接头松动。

故障排除：应定期紧固接头。

（3）安装位置产生移动。

故障排除：应定期紧固安装螺钉。

7. 活塞杆拉伤

（1）防尘圈老化、失效，侵入砂粒切屑等脏物。

故障排除：清洗更换防尘圈，修复活塞杆表面拉伤处。

（2）导向套与活塞杆之间的配合太紧，使活动表面产生过热，造成活塞杆表面铬层脱落而拉伤。

故障排除：检查清洗，用刮刀修刮导向套内径，使配合间隙达到要求。

（六）油缸不动或者动作慢

故障原因：

1. 外载荷过大

（1）设计错误，选用压力过低。

故障排除：核算后更换元件，调大工作压力。

（2）工艺和使用错误，造成外载比预定值大。

故障排除：按设备规定值使用。

2. 活塞移动时"憋劲"

（1）加工精度差，缸筒孔锥度和圆度差。

（2）装配质量差。

①活塞、活塞杆与缸盖之间同轴度差。

②液压缸与工作台平行度差。

③活塞杆与导向套配合间隙过小。

3. 脏物进入滑动部位

（1）油液过脏。

故障排除：过滤或更换油液。

（2）防尘圈破损。

故障排除：更换防尘圈。

（3）装配时未清洗干净或带入脏物。

故障排除：拆开清洗，装配时要注意清洁。

4. 活塞在端部行程时速度急剧下降

（1）缓冲调节阀的节流口调节过小，在进入缓冲行程时，活塞可能停止或速度急剧下降。

故障排除：缓冲节流阀的开口度要调节适宜，并能起到缓冲作用。

（2）固定式缓冲装置中节流孔直径过小。

故障排除：适当加大节流孔直径。

（3）缸盖上固定式缓冲节流环与缓冲柱塞之间间隙过小。

故障排除：适当加大间隙。

5. 活塞移动到中途发现速度变慢或停止

（1）缸筒内径加工精度差，表面粗糙，使内泄量增大。

故障排除：修复或更换缸筒。

（2）缸壁胀大，当活塞通过增大部位时，内泄漏量增大。

故障排除：更换缸筒。

技能训练

一、准备工作。

设施设备：工作台（带橡胶垫）6 张；钳工台（配台虎钳开口 100）6 张；液压缸 6 台。

工具：开口扳手 6 套；内六角扳手 6 套；内卡环钳 6 把；外卡环钳 6 把；一字起 6 把；铜棒 6 根；榔头 6 把；橡皮锤 6 把。

材料：柴油/煤油 6 桶；液压油 6 桶；清洗盆 12 个；油刷 12 把；脱脂擦布若干。

二、认读铭牌及查阅技术资料，获取信息。

三、打开油口堵头，将液压缸内残存油液排放干净，并将液压缸外部擦拭干净。

四、液压缸拆解。

(1)外部标记。

(2)松开缸体与后端盖的4个连接螺栓，拆出后端盖。

(3)用铜棒从活塞杆端敲出活塞及活塞杆。

(4)用卡环钳拆出导向套上的卡环。

(5)将活塞及活塞杆反向装入缸体中，用铜棒敲击，退出导向套，继续退出活塞及活塞杆。

(6)用开口扳手拆出后端盖上的单向阀。

五、认知零部件及其作用，对照实物分析工作原理。

(1)后端盖：密封，节流缓冲装置，开油口。

(2)活塞：将缸体分隔成两个独立的腔室。

(3)活塞杆：将动力输出。

(4)导向套：导向，前端密封，支撑活塞杆。

(5)缸体：密封，开油口。

(6)单向阀：单向油液流动。

缓冲装置的原理：有杆腔进油，无杆腔回油，活塞杆缩回。当活塞接近后端盖时，活塞上的活塞柱塞进入后端盖的大回油口中，无杆腔中剩余油液由后端盖上的小节流孔(比单向阀的油口小)回油，形成节流减速缓冲。

无杆腔进油时：主油口、单向阀、节流孔3通道一起进油。

六、清洗零部件。用煤油或柴油清洗活塞及活塞杆、导向套、后端盖、缸体内壁。

七、检修。对所有零件进行目视检查，对损伤严重的零件用仪器检测。

(1)活塞及活塞杆：磨损情况、组合密封圈、导向环。

(2)缸体内壁：磨损情况、是否有刮痕和拉伤。

(3)导向套：内、外密封圈。

(4)后端盖：密封圈、工作面的磨损情况。

八、装配。按照正确的步骤装配液压缸。注意装配前要用液压油润滑相关零部件。

装配导向套(注意密封圈开口朝外，起防尘作用)，装卡环，装活塞及活塞杆，装后端盖。装连接螺栓。装后端盖上的单向阀。

九、各组组员依次练习上述操作步骤。

十、考核。

每组随机抽取1名组员，完成上述步骤。

考核标准如表4-3所示。

表 4 - 3 考核标准

考核时间	序号	考核项目	满分	评分标准	得分
20 mim	1	拆解液压缸	10	错一处扣 5 分	
	2	液压缸零部件认知	20	错一处扣 5 分	
	3	液压缸工作原理分析	20	根据表述情况酌情扣分	
	4	清洗、检修零部件	20	错一处扣 5 分	
	5	装配液压缸	20	错一处扣 5 分	
	6	6S	10	整理遗漏酌情扣分	
	7	因违规操作造成人身伤害或设备事故，计 0 分			
分数总计			100		

本项目小结

本章介绍了液压马达和液压缸的分类、结构和工作原理，并对液压马达和液压缸常见故障的原因及排除方法进行了重点阐述。

复习思考题

1.简述齿轮马达与齿轮泵的主要区别。

2.简述液压缸的分类。

3.试分析引起液压缸外泄的原因。

项目五
方向阀及方向控制回路

教学目标

知识目标：掌握方向阀与方向控制回路的工作原理；掌握手动换向阀、机动换向阀、电磁换向阀、液动换向阀、电液换向阀的结构和工作原理；掌握常用滑阀中位机能特点。

能力目标：正确拆装各类方向阀，理解其工作原理；掌握各方向阀常见故障现象及分析排除方法。

任务一　单向阀

单向阀只允许油液某一方向流动，而反向截止。这种阀也称为止回阀。对单向阀的主要性能要求：油液通过时压力损失要小；反向截止密封性要好。液压系统中常用的单向阀有普通单向阀和液控单向阀两种。

一、单向阀

单向阀主要是由阀体、阀芯和弹簧组成，如图5-1所示。

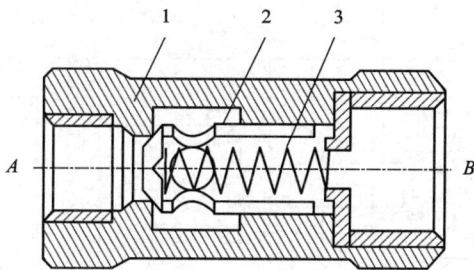

图5-1　单向阀
1—阀体；2—阀芯；3—弹簧

阀芯可以是球阀也可以是锥阀，有板式连接、管式连接、螺纹插装式连接。图5-1为管式连接。如果按阀体内液流方向区分，又可分为直角式单向阀和直通式单向阀两种。图5-1

阀芯 2 为锥阀的直通式单向阀。当压力油从阀体左端流入时，液压力便克服弹簧作用在阀芯上的力，使阀芯右移，打开阀口，压力油通过阀芯上的径向孔从阀体右端流出，当压力油从右端流入时液压力和弹簧力一起使阀芯的锥面压紧在阀座上阀口关闭，于是压力油被截止。阀芯为锥阀式单向阀结构。

二、液控单向阀

液控单向阀下部有一控制油口 K，当控制口不通压力油时，此阀的作用与单向阀相同；但当控制口通压力油时，阀就保持开启状态，液流双向都能自由通过。图 5-2(a) 上半部与一般单向阀相同，下半部有一控制活塞，控制油口 K 通一定压力的压力油时，推动控制活塞并通过推杆使锥阀芯抬起，阀就保持开启状态。

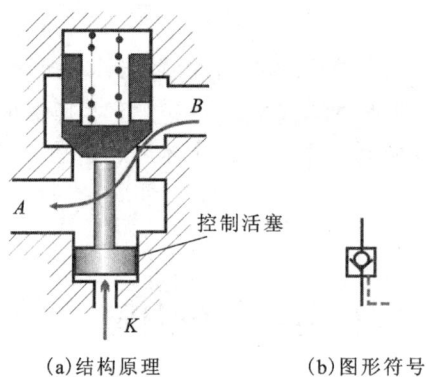

(a)结构原理　　　　(b)图形符号

图 5-2　液控单向阀

三、双向液压锁

如图 5-3(a)所示，使两个液控单向阀共用一个阀体 1 和一个控制活塞 2，而顶杆 3 分别

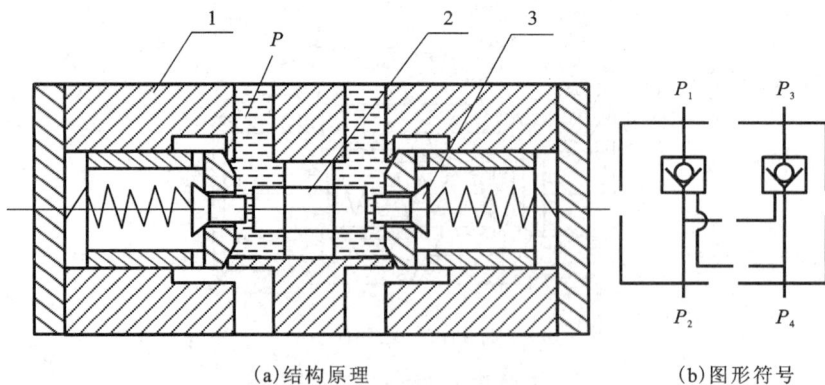

(a)结构原理　　　　　　(b)图形符号

图 5-3　双向液压锁结构原理

1—阀体；2—控制活塞；3—顶杆

52

置于控制活塞两端,这样就成为双向液压锁。当 P_2 腔通压力油时,一方面油液通过左阀到 P_1 腔,另一方面油作用在单向阀芯上的控制活塞上,使活塞顶开右阀,保持 P_4 与 P_3 腔畅通。同样当 P_4 腔通压力油时一方面油液通过右阀到 P_3 腔,另一方面使压力油顶开左阀,保持 P_2 与 P_1 腔通畅。当 P_2 和 P_4 腔都不通压力油时,P_1 和 P_3 腔封闭执行元件被双向锁住,故称为双向液压锁。

四、单向阀常见故障及排除方法

单向阀常见的故障有油液不逆流、逆方向不密封、有泄漏等。产生这些故障的原因与排除方法如表 5 – 1 所示。

表 5 – 1 单向阀常见故障及排除方法

故障现象	产生原因	排除方法
油液不逆流	1. 控制压力过低 2. 控制油管道接头漏油严重 3. 单向阀卡死	1. 控制压力使之达到要求 2. 紧固接头,消除漏油 3. 清洗
逆方向不密封,有泄漏	1. 单向阀在全开位置上卡死 2. 阀锥面与阀座锥面接触不均匀	1. 修配,清洗 2. 检修或更换

任务二 换向阀

换向阀是利用阀芯与阀体间相对位置的不同,来变换阀体上各主油口的通断关系,实现各油路连通、切断或改变液流方向的阀类。

在实际应用中对换向阀的主要要求:

(1)油路导通时,压力损失要小;

(2)油路断开时,泄漏量要小;

(3)阀芯换位时,操纵力要小以及换向平稳等。

换向阀的用途十分广泛,种类很多,可根据换向阀的结构、操纵方式、工作位置和控制的通道数等分类。

按照换向阀的结构可以分为滑阀式、转阀式、球阀和锥阀式;

按换向阀的操纵方式可以分为手动、机动、电磁、液动、电液动和气动;

按照换向阀的工作位置和控制的通道数可以分为二位二通、二位三通、二位四通,三位四通等。

换向阀实物如图5-4所示。

图5-4 换向阀实物

一、滑阀式换向阀的结构

换向阀的操纵方式可以分为手动、机动、电磁动、液动、电液动等。如表5-2所示。

表5-3列出了几种常用换向阀的结构原理和图形符号。一个换向阀完整的图形符号应表示出操纵、复位和定位方式等。

(1)方框表示阀的工作位置,几个方框就表示几"位"。

(2)方框内的箭头表示在这一位置上油路处于接通状态,但并不一定表示油流的实际流向。

(3)方框内符号⊥或⊤表示此油路被阀芯封闭。

(4)一个方框上边和下边与外部连接的接口数表示几"通"。

(5)符号图位移方向与阀芯位移相同,即阀芯左移后,油路通断情况,相当于符号图向左移一格。同样阀芯右移后,左端方格接入油路。

表5-2　换向阀操纵方式

手动换向阀	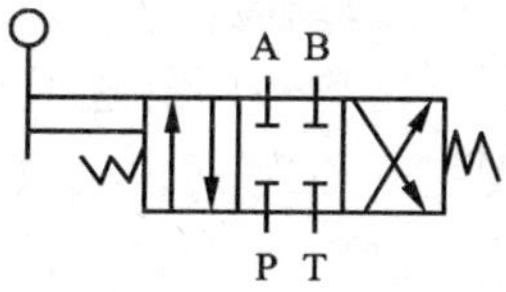	液动换向阀	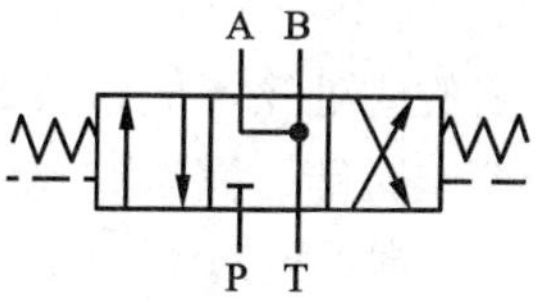
机动换向阀	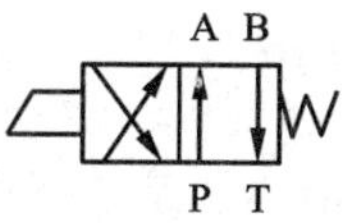	电磁换向阀	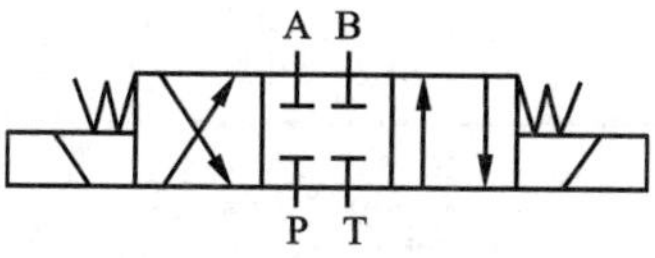
电液换向阀	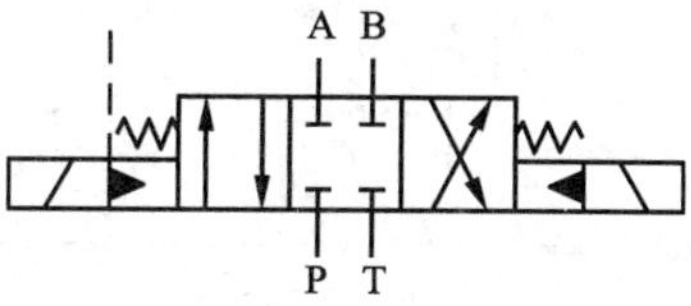		

表5-3　换向阀图形符号

二位二通	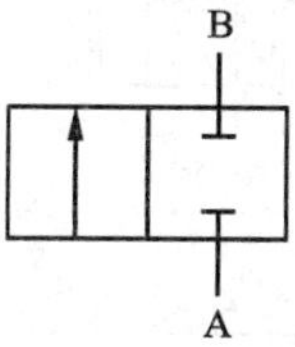	二位五通	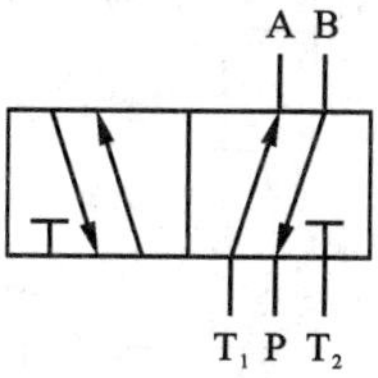
二位三通	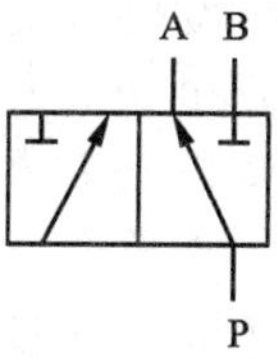	三位四通	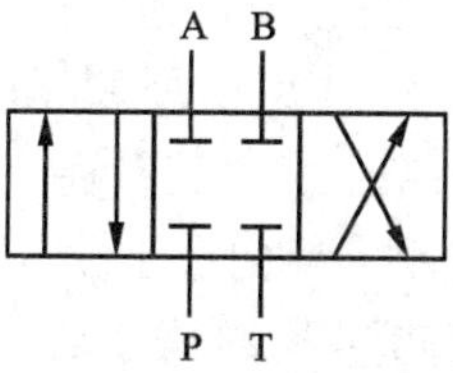
二位四通	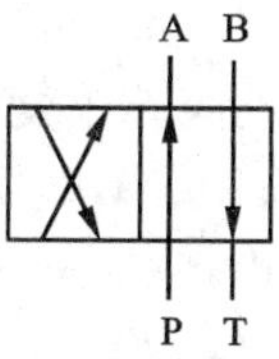	三位五通	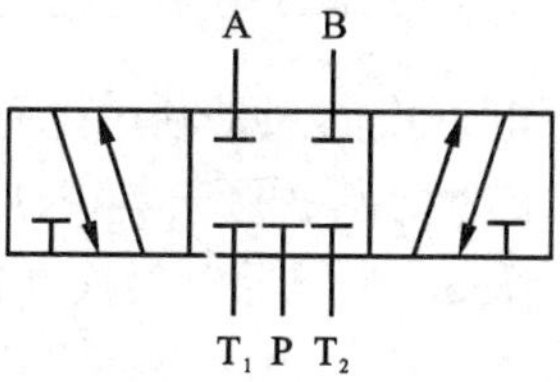

(6)一般地,阀与系统供油路连接的进油口用字母 P 表示;阀与系统回油路连接的回油口用字母 T(或 O)表示;而阀与执行元件连接的工作油口则用字母 A、B 等表示。有时在图形符号上还标出泄漏油口,用字母 L 表示。

(7)每个换向阀都有一个常态位(即阀芯在未受到外力作用时的位置)。在液压系统图中,换向阀的符号与油路的连接一般应画在常态位上。

二、滑阀中位机能

多位阀处于不同位置时，其各油口连通情况不同，这种不同的连通方式体现了换向阀的各种控制机能，称为滑阀机能。中位机能是指滑阀在中间位置时的通路形式，一般用英文字母表示，常见的有 O、P、Y、K、H、M、C 等几种。换向阀中位机能如表 5-4 所示。

表 5-4　换向阀中位机能

O	H	P	Y
K	M	X	

O 型：换向精度高，但有冲击，缸被锁紧，泵不卸荷，并联缸可运动。

H 型：换向平稳，但冲击量大，缸浮动，泵卸荷，其他缸不能并联使用。

Y 型：换向较平稳，冲出量较大，缸浮动，泵不卸荷，并联缸可运动。

P 型：换向最平稳，冲出量较小，缸浮动，泵不卸荷，并联缸可运动。

M 型：换向精度高，但有冲击，缸被锁紧，泵卸荷，其他缸不能并联使用。

三、电磁换向阀与电磁铁

电磁换向阀是利用电磁铁通电后产生吸力或推力推动阀芯改变阀的工作位置。其操纵方便，布置灵活，易于实现动作转换的自动化。但其吸力有限，不能用来直接操纵大规格的阀。

图 5-5 所示电磁换向阀主要由阀体 1、一个或两个电磁铁 2、阀芯 3 及一个或两个复位弹簧 4 组成。当电磁铁未通电时，阀芯 3 被复位弹簧 4 保持在中位或起始位置（脉冲式阀除外）。阀芯 3 的动作由湿式电磁铁 2 实现。

当电磁铁 2 通电时，电磁铁的力经推杆 5 作用在阀芯 3 上，将其由静止位置推到所需的工作位置。使液流由 P 到 A 和 B 到 T 或由 P 到 B 和 A 到 T。

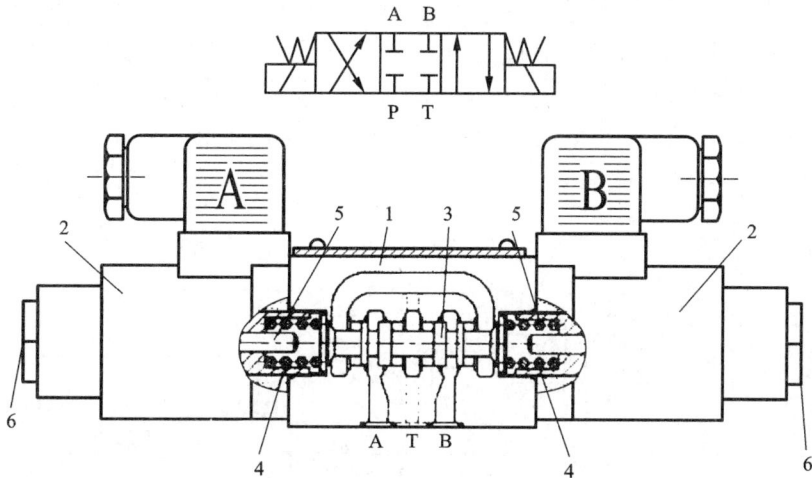

图 5 - 5　电磁换向阀结构及其图形符号

1—阀体；2—电磁铁；3—阀芯；4—复位弹簧；5—推杆；6—锁紧螺母

四、电液换向阀结构组成、工作原理和作用

电液换向阀是由一个小规格电磁换向阀和一个带阻尼器的液动换向阀组合而成，由电磁阀来控制液动阀来油油路时，电磁阀是先导阀，液动阀是主阀，从而实现电先导控制。其实物及结构原理如图 5 - 6、图 5 - 7 所示。常用于大流量油路的换向控制。在大流量的时候，由于电磁阀推力有限，电磁力无法克服弹簧力移动阀芯，只有大规格液动阀才具有如此大的力量。而电液换向阀结合了两者的优点。

图 5 - 6　电液换向阀实物

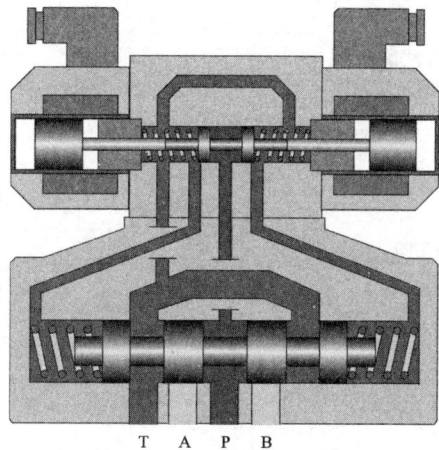

图 5 - 7　电液换向阀结构原理

图 5 - 8 为电液换向阀的图形符号,图 5 - 8(b)为其简化图形符号。当先导电磁阀的电磁铁 1 DT 和 2 DT 都断电时,电磁阀处于中位,控制压力油进油口 P′关闭,主阀芯在对中弹簧作用下处于中位,主油路进油口 P 也关闭。当 1 DT 通电,电磁阀处于左位,控制压力油经 P′、A′单向阀、主阀芯左端油腔,而回油从主阀芯右端油腔节流阀 B′、T′回油箱,当主阀切换到左位,主油路 P 与 B 通、A 与 T 通。当 2DT 通电,1 DT 断电时,则有 P 与 A 通、B 与 T 通。

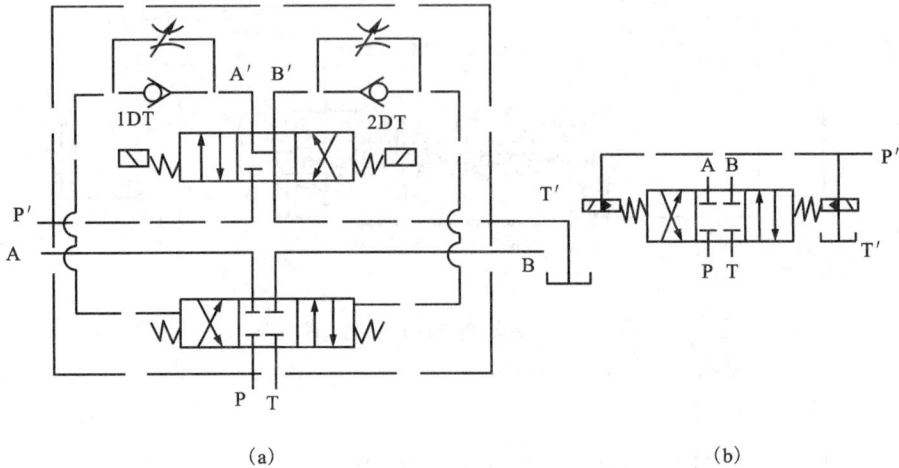

(a)   (b)

图 5 - 8　电液换向阀图形符号

五、换向阀常见故障及排除方法

换向阀常见故障及排除方法如表 5 - 5 所示。

表 5 - 5　换向阀常见故障及排除方法

故障现象	产生原因	排除方法
滑阀不换向	1. 滑阀卡死 2. 阀体变形 3. 具有中间位置的对中弹簧折断 4. 操纵压力不够 5. 电磁铁线圈烧坏或者电磁铁推力不足 6. 电气线路故障 7. 液控换向阀控制油路无压力油或者堵塞	1. 清洗脏物,去毛刺 2. 调节阀体安装螺钉使压紧力均匀或者修研阀孔 3. 更换弹簧 4. 操纵压力必须大于 35 MPa 5. 检查、修理、更换 6. 检查线路清理故障 7. 查原因排除
电磁铁控制的方向阀作用有响声	1. 滑阀卡住或者摩擦力过大 2. 电磁铁不能压到底 3. 电磁铁芯接触面不平或者接触不良	1. 配研或者调配滑阀 2. 修正 3. 修正铁芯

技能训练

一、准备工作。

设施设备：工作台(带橡胶垫)6 张；钳工台(配台虎钳开口 100)6 张；换向阀 6 个。

工具：开口扳手 6 套；专用工具 1 套；橡皮锤 6 把。

材料：柴油/煤油 6 桶；液压油 6 桶；清洗盆 12 个；油刷 12 把；脱脂擦布若干。

二、认读铭牌及查阅技术资料，获取信息。

三、打开油口堵头，将换向阀内残存油液排放干净，并将换向阀外部擦拭干净。

四、换向阀拆解。

(1)外部标记。

(2)用锁紧螺母专用拆卸工具松开锁紧螺母，依次取出锁紧螺母、电磁铁并摆好。

(3)松开铁芯与阀体的螺纹连接，取出铁芯并摆好。

(4)依次取出推杆、复位弹簧、弹簧座。

(5)分离阀芯与阀体。

五、认知零部件及其作用，对照实物分析工作原理。

(1)锁紧螺母：锁紧电磁铁与阀体。

(2)电磁铁：线圈通电，产生电磁力。

(3)铁芯：内置衔铁，靠电磁力吸合。

(4)推杆：被电磁力吸合的衔铁会推动推杆，从而推动阀芯在阀体内移动。

(5)复位弹簧：使阀芯在没有外力的作用下复位。

(6)弹簧座：增大弹簧受力面积，使弹簧受力均匀。

(7)阀芯：在阀体内相对运动，从而改变油口的连通关系。

(8)阀体：安装阀芯，开设油口、油槽。

工作原理：(假设)右边电磁铁得电，产生电磁力吸合衔铁，推动推杆，推杆推动阀芯在阀体内移动，从而改变了油口的连接关系，最终改变油路的流通方向。

六、清洗零部件。用煤油或柴油清洗阀芯、阀体内的油道油槽，并将清洗液擦拭干净。

七、检修。对所有零件进行目视检查，对损伤严重的零件用仪器检测。

(1)阀芯外表有无毛刺，与阀体的配合间隙是否合适。

(2 复位弹簧有无变形。

(3)铁芯内的衔铁有无发卡。

(4)密封圈有无变形和老化。

八、装配。按照正确的步骤装配换向阀。注意装配前要用液压油润滑相关零部件。

将阀芯装入阀体内(注意转动阀芯)，安装弹簧座、弹簧、推杆，拧紧铁芯与阀体，装入电磁铁(注意插头的方向不能与阀体安装面同向)，拧紧锁紧螺母。

九、各组组员依次练习上述操作步骤。

十、考核。

每组随机抽取 1 名组员，完成上述步骤。

考核标准如表 5 -6 所示。

表 5 - 6　考核标准

考核时间	序号	考核项目	满分	评分标准	得分
20 mim	1	拆解换向阀	10	错一处扣 5 分	
	2	换向阀零部件认知	20	错一处扣 5 分	
	3	换向阀工作原理分析	20	根据表述情况酌情扣分	
	4	清洗、检修零部件	20	错一处扣 5 分	
	5	装配换向阀	20	错一处扣 5 分	
	6	6S	10	整理遗漏酌情扣分	
	7	因违规操作造成人身伤害或设备事故，计 0 分			
分数总计			100		

任务三 方向控制回路

一、启停回路

启停回路使执行元件开启或停止运动,主要有以下几种方法。

1. 切断油路

如图 5 - 9 所示,用一个二位二通电磁阀来切断压力油源,使得执行元件停止运动。实际上,切断执行元件的回油路也可达到使停止运动的目的,但这会使执行元件和有关管路都受到高压油的作用,故一般适用于小流量系统。

2. 油泵卸荷

油泵卸荷,油液没有压力,执行元件当然停止运动。用卸荷使执行元件停止运动,可避免压力油经溢流阀回油引起的能量损失。中位机能为 M 型的三位四通阀在中位时可引起卸荷作用。

3. 准确停车

在机床液压系统中,有时要求执行元件有准确的停止位置,一般可采用死挡铁限位的方法达到这一要求。

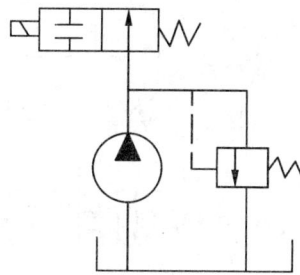

图 5 - 9 启停回路

二、换向回路

(一)电磁阀换向回路

用二位(或三位)四通(或五通)电磁阀换向最为方便,但电磁阀换向动作快,换向有冲击。另外,交流电磁阀一般不宜做频繁的切换。采用电液阀转向时,虽然其中液动阀的移动速度可调节,换向冲击较小,但仍不能解决频繁切换问题。

(二)其他换向回路

单作用液压缸可用一个二位三通阀来实现换向,如图 5 - 10 所示。在采用双向变量泵的容积调速回路中,可直接改变泵的液流方向来使执行元件换向。

三、锁紧回路

(一)采用单向阀的锁紧回路

如图 5 - 10 所示状态,活塞只能向左运动,向右则由单向阀锁紧。当电磁阀切换后,活塞向右运动,向左则锁紧。当活塞运动到液压缸终端时则能双向锁紧。这里,油泵出口处的单向阀在泵停止运转时还有防止空气渗入液压系统的作用,并可防止执行元件和管路等处的冲击压力影响液压泵。

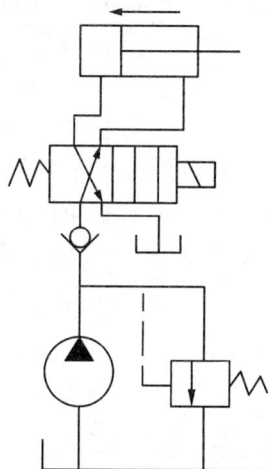

图 5 - 10 单向阀锁紧回路

(二)液控单向阀锁紧回路

图 5 – 11 采用液控单向阀的锁紧回路。当有压力油进入时，回油路的单向阀被打开，单向阀不妨碍压力油进入液压缸。但当三位四通阀处于中位或泵停止供油时，两个液控单向阀把液压缸内的液体密闭在里面，使液压缸锁住。这种回路主要用于汽车起重机的支腿油路中，也用于煤矿采掘机械液压支架的锁紧回路中。

(三)换向阀锁紧回路

图 5 – 12 为换向阀锁紧回路。它利用三位阀的 M 型中位机能封闭液压缸两腔，使活塞能在其行程的任意位置上锁紧。由于滑阀式换向阀不可避免地存在泄漏，这种锁紧回路保持执行元件锁紧时间不长。

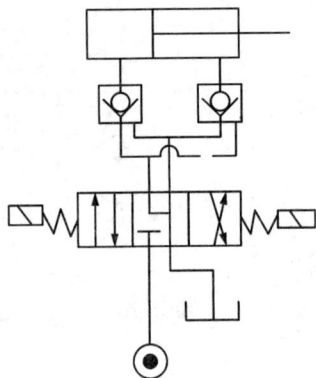

图 5 – 11　液控单向阀锁紧回路

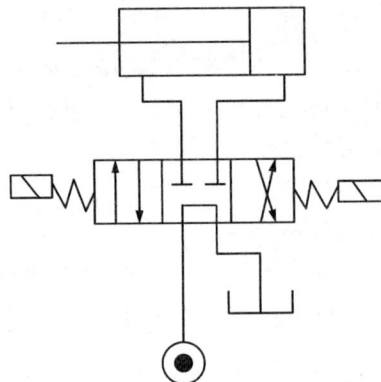

图 5 – 12　换向阀锁紧回路

本项目小结

本章论述了方向阀与方向控制回路的工作原理，重点应掌握液控单向阀的应用。

复习思考题

1. 画出液控单向阀的职能符号图，说明其工作原理。
2. 写出 7 种常见滑阀式方向阀的中位机能。
3. 画出液控单向阀锁紧回路图，说明其控制原理。

项目六
压力阀及压力控制回路

教学目标

知识目标：掌握溢流阀、减压阀、顺序阀、平衡阀和压力继电器的结构、工作原理及应用；掌握压力控制回路的工作原理；掌握溢流阀、减压阀、顺序阀在结构原理上的异同点。

能力目标：正确拆装各类压力阀，理解其工作原理，掌握压力阀的调整方法；掌握各压力阀常见故障现象及分析排除方法。

在液压传动中，利用作用在阀芯上的液压力和弹簧力相平衡来控制和调节液压系统压力高低的阀类称为压力控制阀。按其功能和用途不同可分为溢流阀、减压阀、顺序阀、平衡阀和压力继电器等。

任务一　溢流阀

溢流阀是通过阀口的溢流，使被控制系统或回路的压力维持恒定，实现稳压、调压或限压作用。根据工作原理和结构不同，溢流阀可分为直动式和先导式。其实物如图 6-1 所示。

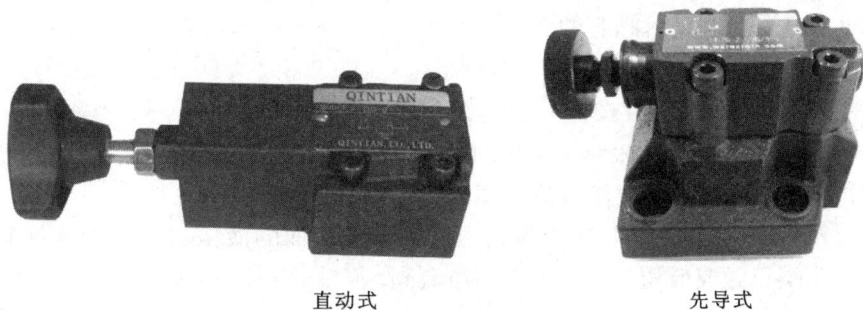

直动式　　　　　　　　先导式

图 6-1　溢流阀实物

一、溢流阀的结构和工作原理

(一)直动式溢流阀

直动式溢流阀按其阀芯形式不同可分为球阀式、锥阀式、滑阀式等。图6-2所示为锥阀式直动式溢流阀。

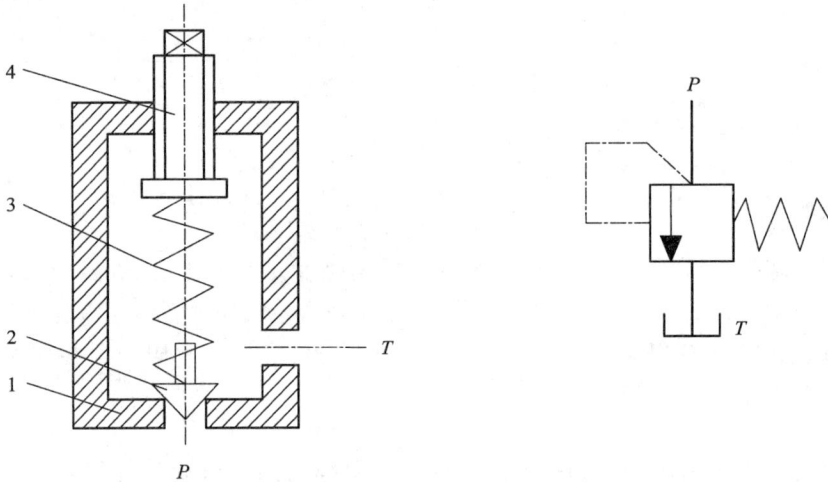

图6-2　直动式溢流阀的工作原理和图形符号
1—阀体；2—锥阀芯；3—弹簧；4—调压螺钉

工作原理：P 为进油口，T 为溢流口，被控压力油由 P 口进入溢流阀，作用在阀芯的底面上。当进口压力较低时，阀芯在弹簧力作用下处于最下端的位置，将 P 口和溢流口隔断，阀处于关闭状态，没有溢流；当进油压力升高致使作用在阀芯底面上的液压力大于弹簧力时，阀芯上升，阀口打开，油液由 P 口经溢流口排回油箱。

设溢流阀的开启压力为 P_R，即 $P_K A = P_R = K X_0$ 或 $P_K = K X_0 / A$

当阀芯处于某一位置时，阀芯的受力平衡为：

$$PA = K(X_0 + x) \qquad\qquad (6-1)$$

式中：x 为弹簧附加压缩量。由式(6-1)可知，当阀芯处于不同位置时，溢流压力是变化的。然而由于弹簧的附加压缩量 x 相对于预压缩量 X_0 来说是较小的，所以可认为溢流压力 P 基本保持恒定，这就是溢流阀起定压溢流作用的工作原理。

直动式溢流阀是利用阀芯上端的弹簧力直接与下端面的液压力相平衡来控制溢流压力的。一般直动式阀只做成低压、流量不大的溢流阀。

(二)先导式溢流阀

先导式溢流阀由主阀和先导阀两部分组成。先导阀的结构原理与直动式溢流阀相同，但一般采用锥形座阀式结构。主阀可分为滑阀式(一级同心)结构、二级同心结构和三级同心结构。

1. 滑阀式先导溢流阀

滑阀式先导溢流阀如图 6-3 所示。压力油由进口 P 进入后作用于主阀芯 1 活塞下腔，并经主阀芯上的阻尼孔进入主阀芯活塞上腔，作用于先导阀阀芯上。当作用在锥阀 3 上的液压力小于弹簧力 5 的预压力 Fs 时，锥阀在弹簧力作用下处于关闭状态。此时阻尼孔中没有油液流动，主阀上下两腔油压相等，主阀在弹簧作用下处于最下端，进、回油口被主阀芯切断，溢流阀不溢流。当作用在锥阀上的液压力大于弹簧力时，锥阀打开，压力油经阻尼孔、主阀中央孔至出油口后流回油箱。由于油液经过阻尼孔时要产生压力降，主阀上腔压力小于下腔压力。当通过锥阀的流量达到一定值时，主阀上下腔压力差所形成的液压力超过弹簧的预紧力及摩擦力总和时，主阀芯向上移动，使进油口 P 和出油口 T 相通，油液溢回油箱。在主阀芯上的全部作用力处于某一平衡状态时，溢流口保持一定的开度，溢流压力也保持某一定值。调节先导阀弹簧 5 的预紧力，即可调节溢流压力。

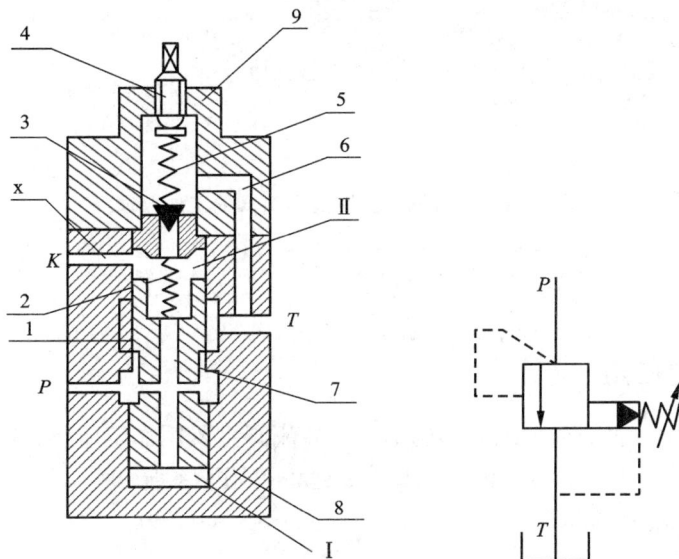

图 6-3 先导式溢流阀的工作原理和图形符号

1—主阀芯；2—主阀弹簧；3—先导阀芯；4—调压螺栓；
5—调压弹簧；6—泄油孔道；7—阻尼孔；8—阀体

2. 二级同心式高压溢流阀

图 6-4 为二级同心式高压溢流阀的结构原理图。

该阀由先导阀和主阀两部分组成。其主阀芯导向面和锥面与阀套配合良好，两处同心度要求较高，二级同心由此得名。当系统压力低于调压弹簧调定值时，主阀芯下压在阀座上，进油口和溢流口不通。当系统压力超过调压弹簧的调定值时，先导阀打开，油液回油腔。这样，主阀芯向上抬起，使 P 腔和 T 腔接通，压力油从 P 腔溢流至 T 腔。阻尼孔对阀芯的运动产生阻尼，以提高溢流阀工作的稳定性。这种阀的密封性好，通油能力大，压力损失小，结构紧凑。

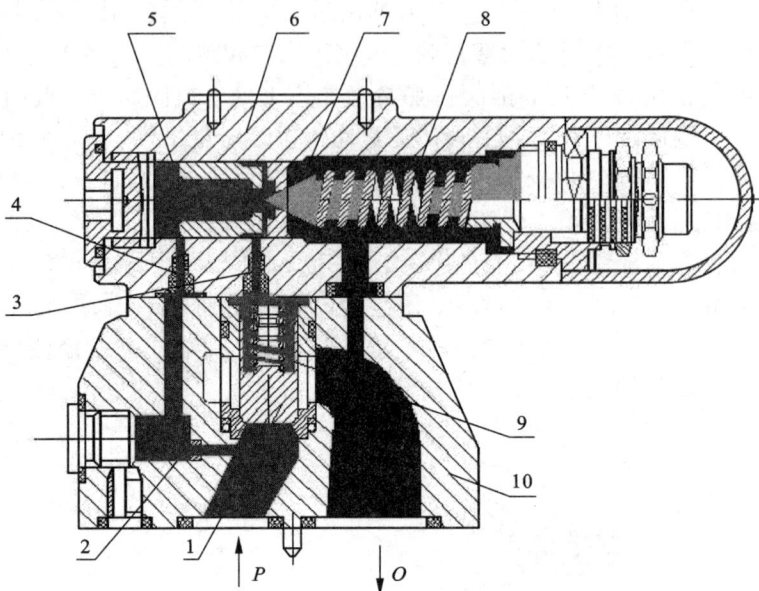

图6-4 二级同心式高压溢流阀的工作原理

1—主阀芯；2、3、4—节流孔；5—先导阀座；6—先导阀体；
7—先导阀芯；8—调压弹簧；9—软弹簧；10—阀体

二、溢流阀的应用

根据液压系统中，油泵和负载的不同形式，溢流阀主要用作定压阀（常称溢流阀）和安全阀，以组成调压回路。此外，与其他阀相配合，还可以用于系统卸荷、远程调压。其总是以定值压力负载并联于被控油路。

1.做溢流阀用

在图6-5所示的定量泵节流调速的液压系统中，调节节流阀的开口大小可调节进入执行元件的流量，定量泵多余的油液则从溢流阀流回油箱。在工作过程中，溢流阀总是有油液通过（溢流），液压泵工作压力决定于溢流阀的调定压力，且基本保持恒定。

2.做安全阀用

在图6-6所示的容积调速回路中，泵的全部流量进入执行元件，平时溢流阀是关闭的，只有当系统压力超过溢流阀调定压力时，阀才打开，油液经溢流阀流回油箱，系统压力不再升高。因而该阀可以防止液压系统过载，起限压、安全作用。

3.做背压阀用

将溢流阀装在回油路上，如图6-7所示。调节溢流阀的调压弹簧，即能调节执行元件回油腔压力的大小，可增加工作机械运动的平稳性和防止空气从回油路混入系统中。

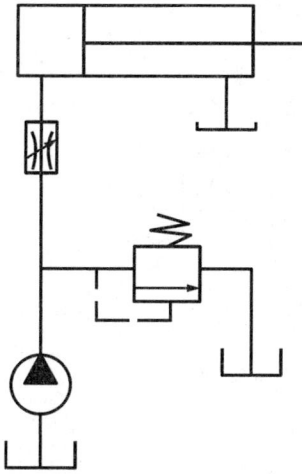

图 6-5　溢流阀起定压溢流作用

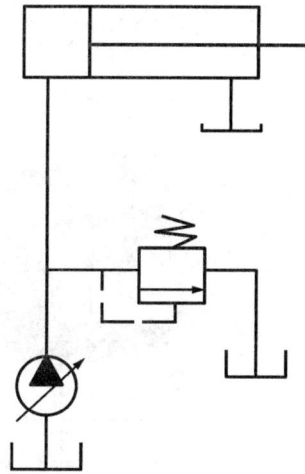

图 6-6　溢流阀起安全阀作用

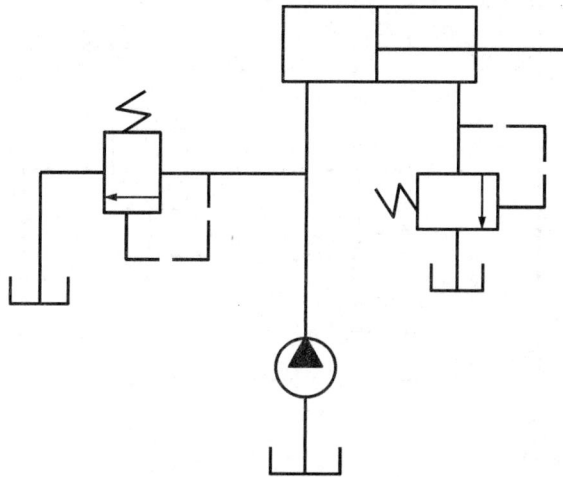

图 6-7　溢流阀起背压阀作用

4.远程调压回路

利用远程调压阀的远程调压回路。应注意，只有在溢流阀的调整压力高于远程调压阀的调整压力时，远程调压阀才能起调节作用。远程调压阀结构见图 6-8，其结构类似溢流阀中的先导阀。将先导式溢流阀的远程控制口 K 接远程调压阀进油口，而远程调压阀出油口接油箱，即构成了远程调压回路，如图 6-9 所示。调节远程调压阀的调压弹簧即可实现远程调压。

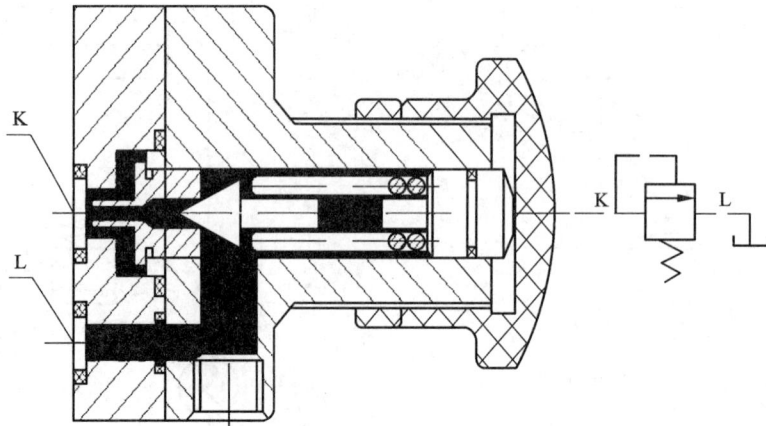

图 6 – 8 远程调压阀的结构和工作原理

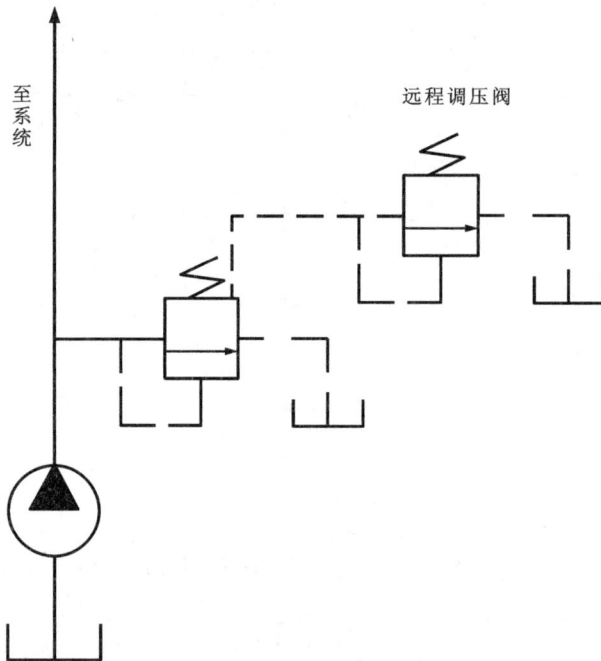

图 6 – 9 远程调压回路

三、溢流阀常见故障及排除方法

溢流阀常见的故障有持续不停较大流量溢流、无法正常溢流等。产生这些故障的原因与排除方法如表 6 – 1 所示。

表 6 – 1　溢流阀常见故障及排除方法

故障现象	产生原因	排除方法
持续不停较大流量溢流	阀芯卡滞在溢流位置	清洗溢流阀
	阀芯磨损或弹簧失效	更换阀芯或弹簧
无法正常溢流	阀芯卡滞在关闭位置	仔细清洗阀芯及油道
	控制油道堵塞	

技能训练

一、准备工作。

设施设备：工作台(带橡胶垫)6 张；钳工台(配台虎钳开口 100)6 张；先导式溢流阀 6 个。

工具：开口扳手 6 套；内六角扳手 1 套；橡皮锤 6 把。

材料：柴油/煤油 6 桶；液压油 6 桶；清洗盆 12 个；油刷 12 把；脱脂擦布若干。

二、认读铭牌及查阅技术资料，获取信息。

三、打开油口堵头，将溢流阀内残存油液排放干净，并将溢流阀外部擦拭干净。

四、溢流阀拆解。

(1)外部标记。

(2)内六角扳手松开先导阀与主阀的连接螺栓，分离二者。

(3)主阀的拆卸：取出复位弹簧、主阀芯、主阀套。

(4)先导阀的拆卸：用开口扳手拧松调压机构，倒立(调压机构在下)，移开先导阀体，取出先导阀芯(锥阀阀芯)、调压弹簧。

五、认知零部件及其作用，对照实物分析工作原理。

(1)主阀体：开设进、出油口，安装主阀套、主阀芯。

(2)主阀套：安装主阀芯。

(3)主阀芯：接通或切断进出油口。

(4)复位弹簧：使主阀芯复位。

(5 先导阀体：开设先导油路，安装先导阀芯等。

(6)先导阀芯：接通或切断先导油路与泄油口。

(7)调压弹簧：决定溢流阀的压力。

(8)调压机构：可调节、设定调压弹簧的预紧力，从而调节溢流阀的压力。

工作原理：常态下，主阀芯关阀，液压油通过主阀芯上的阻尼小孔到达主阀芯上腔，并作用至先导阀芯上。当进口压力未达到设定压力时，先导阀芯关闭，形成密闭容积。按帕斯卡原理静压处处相等，即主阀芯上下腔油压相等，复位弹簧作用，主阀芯仍处于关闭状态。当进口压力超过设定压力时，作用在先导阀芯上的液压力大于调压弹簧力，先导阀芯打开，先导油路与泄油通道连通，油液流动，主阀芯上的阻尼孔产生压力损失，使主阀芯上下腔产生压力差，主阀芯上移，进出油口接通，实现溢流。

六、清洗零部件。用煤油或柴油清洗阀芯等关键零部件，以及阀体内的油道油槽，并将清洗液擦拭干净。

七、检修。对所有零件进行目视检查，对损伤严重的零件用仪器检测。

（1）主阀芯外表有无毛刺，与阀套的配合间隙是否合适。

（2）复位弹簧、调压弹簧有无变形。

（3）先导阀芯有无磨损。

（4）密封圈有无变形和老化。

（5）主阀体和先导阀体的检查。

八、装配。按照正确的步骤装配溢流阀。注意装配前要用液压油润滑相关零部件。

将调压弹簧、先导阀芯放置在调压机构上，拧紧先导阀体与调压机构；将主阀套装入主阀体，主阀芯装入主阀套，装入复位弹簧；连接先导阀与主阀。

九、各组组员依次练习上述操作步骤。

十、考核。

每组随机抽取 1 名组员，完成上述步骤。

考核标准如表 6 - 2 所示。

表 6 - 2　考核标准

考核时间	序号	考核项目	满分	评分标准	得分
20 mim	1	拆解先导式溢流阀	10	错一处扣 5 分	
	2	溢流阀零部件认知	20	错一处扣 5 分	
	3	溢流阀工作原理分析	20	根据表述情况酌情扣分	
	4	清洗、检修零部件	20	错一处扣 5 分	
	5	装配先导式溢流阀	20	错一处扣 5 分	
	6	6S	10	整理遗漏酌情扣分	
	7	因违规操作造成人身伤害或设备事故，计 0 分			
分数总计			100		

任务二　减压阀

减压阀是一种利用液流流过缝隙产生压降的原理，使出口压力低于进口压力的压力控制阀。当液压系统只有一个液压油泵，而不同的部分需不同的压力时，则使用减压阀。常见的减压阀有定值减压阀和定差减压阀两种，其中定值减压阀应用最广，简称为减压阀。减压阀还可分为直动式和先导式两种。

一、减压阀的结构和工作原理

减压阀分为定值、定差、定比减压阀，此处主要讲解定值减压阀的结构及其工作原理。

定值减压阀的基本工作原理是使高压油通过阀口缝隙，以达到节流降压的目的。从结构上来看，定值减压阀也有直动式和先导式两种。

（一）直动式减压阀

直动式减压阀的工作原理如图 6-10 所示。工作时压力油（一次压力）从 A 口进，通过阀芯 1 和阀体 2 之间的缝隙 B 产生节流损失，使出口 C 出口压力 P_C（二次压力）比一次压力低，即所谓减压。C 口的压力油经孔道进入滑阀下腔，对滑阀产生一个向上的作用力 $P_C S$（S 为滑阀面积）。若滑阀的开口量为 X，弹簧预压缩量 X_0、刚度为 k，则滑阀受力平衡为：$P_C S = k(X_0 + X)/S$。阀开口量 X 一般变化很小，因此 $k(X_0 + X)/S \approx kX_0/S$，即出口压力基本保持不变。这也可从阀的工作原理看出：在某瞬时，滑阀处于平衡，$P_S < P_A$。当阀进口压力 P_A 因某种原因升高，则出口压力会立即随之升高，滑阀底部油压升高使滑阀上移，关小开口 X，使节流效果增加，压差增大，从而使出口压力又降到原来压力为止。当阀的进口压力因某种原因降低时，则出口压力随之降低，滑阀底部油压也降低，在弹簧力作用下，滑阀下移增大开口 X，使节流效果减弱，压差减小，出口压力又上升到原来的值。如果阀的进口压力 P_A 保持不变，通过的流量增加时，则压差增大，使出口压力降低，滑阀底部油压也降低，滑阀下移，增大开口，减弱节流效果，使出口压力上升到原来值；反之，流量减小，则会出现相反的过程。因此，减压阀因为其开口量 X 能随出口压力的升降而自动地关小或开大，从而保证出口压力

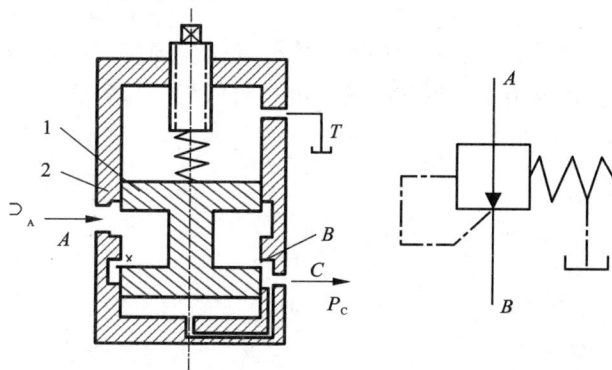

图 6-10　直动式减压阀的工作原理
1—滑阀阀芯；2—阀体

为恒定。

(二) 先导式减压阀

图 6-11 所示是一种先导级由减压进口供油的减压阀,它由主阀和先导阀组成,其先导阀为直动式溢流阀。在该阀的控制油路上设有控制油流量恒定器 6,它由一个固定阻尼 Ⅰ 和一个可变阻尼 Ⅱ 串联而成。可变阻尼借助于一个可以轴向移动的小活塞来改变通油孔 N 的过流面积,从而改变液阻。小活塞左端的固定阻尼孔,使小活塞两端出现压力差。小活塞在此压力差和右端弹簧的共同作用下而处于某一平衡位置。

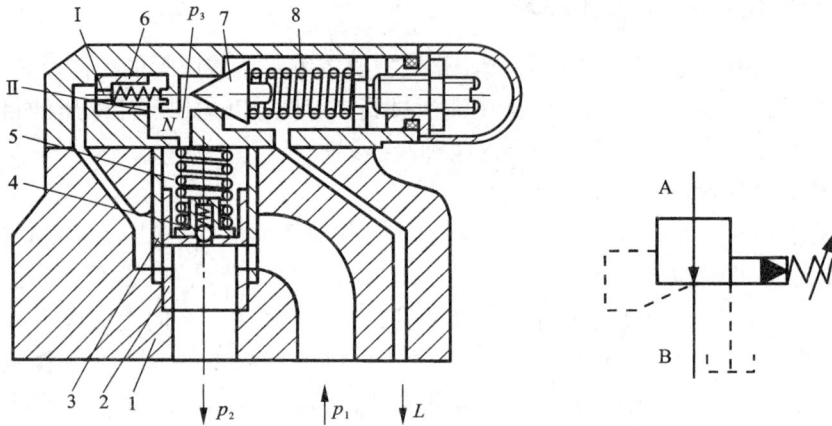

图 6-11　进口压力控制式先导式定压输出减压阀

1—阀体;2—主阀芯;3—阀套;4—单向阀;5—主阀弹簧;
6—控制油流量恒定器;7—先导阀;8—调压弹簧;Ⅰ—固定阻尼;Ⅱ—可变阻尼

当出口 P_2 无压力时,减压阀是常开的。压力油由 P_1 流向 P_2。同时压力油 P_1 经控制通道和阻尼孔流到主阀芯 2 的弹簧端,并且作用在先导阀的锥阀上。当 P_1 压力超过调压弹簧 8 的调定压力时,先导阀 7 开启。主阀芯弹簧端的油经阻尼孔流到先导阀的弹簧腔。此时在主阀芯上形成一个压力差,在此压力差作用下,主阀芯向上移动使开口减小,实现减压以维持 P_2 压力恒定。

导阀有远控口 K,当接上远程调压阀时,可实现远程调压。使用减压阀时应注意,先导阀出口油孔应直接接油箱,油路要保持畅通,此处的压力变化将影响二次压力的稳定。另外与减压阀相连的出口油路不能处于卸载状态,否则主阀全开,油路建立不起压力。

二、减压阀的应用

1. 减压回路

在夹紧系统、控制系统和润滑系统中常需要减压回路。图 6-12 为常见的一种减压回路。液压泵排出油液的最大压力由溢流阀根据主系统的需要来调节。当液压缸需要得到比泵的供油压力低的压力时,可在油路中串联一减压阀,减压阀可保持减压后压力恒定,但至少应比溢流阀调定压力低 0.5 MPa。当执行元件的速度需要调节时,节流元件应装在减压阀的出口。

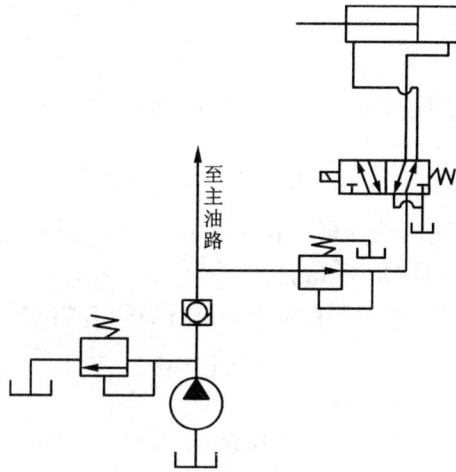

图 6 – 12　减压回路

2. 二级调压回路

图 6 – 13 为二级调压回路，将减压阀的远程控制口通过二位二通电磁阀与远程调压相连便可获得两种预调的压力。

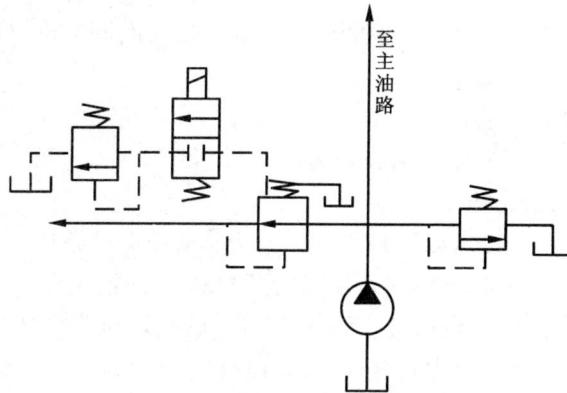

图 6 – 13　二级调压回路

三、减压阀常见故障及排除方法

减压阀常见的故障有：压力油无法正常流通、无法实现应得减压值等。产生这些故障的原因与排除方法如表 6 – 3 所示。

表 6 – 3　减压阀常见故障及排除方法

故障现象	故障分析	排除方法
压力油无法正常流通	弹簧失效或阀芯卡滞在上位	清洗阀体或更换弹簧
无法实现应得减压值	控制油道堵塞或阀芯磨损	清洗阀体或更换阀芯

技能训练

一、准备工作。

设施设备：工作台(带橡胶垫)6 张；钳工台(配台虎钳开口 100)6 张；先导式减压阀 6 个。

工具：开口扳手 6 套；内六角扳手 1 套；橡皮锤 6 把。

材料：柴油/煤油 6 桶；液压油 6 桶；清洗盆 12 个；油刷 12 把；脱脂擦布若干。

二、认读铭牌及查阅技术资料，获取信息。

三、打开油口堵头，将减压阀内残存油液排放干净，并将减压阀外部擦拭干净。

四、减压阀拆解。

(1)外部标记。

(2)内六角扳手松开先导阀与主阀的连接螺栓，分离二者。

(3)主阀的拆卸：取出复位弹簧、主阀芯、主阀套。

(4)先导阀的拆卸：用开口扳手拧松调压机构，倒立(调压机构在下)，移开先导阀体，取出先导阀芯(锥阀阀芯)、调压弹簧。

五、认知零部件及其作用，对照实物分析工作原理。

(1)主阀体：开设进、出油口，安装主阀套、主阀芯。

(2)主阀套：安装主阀芯。

(3)主阀芯：配合主阀套，改变二者间的开口大小，从而调节出口压力。

(4)复位弹簧：使主阀芯复位。

(5)先导阀体：开设先导油路，安装先导阀芯等。

(6)先导阀芯：接通或切断先导油路与泄油口。

(7)调压弹簧：决定减压阀的压力。

(8)调压机构：可调节、设定调压弹簧的预紧力，从而调节减压阀的压力。

工作原理：常态下，主阀芯与主阀套之间的开口最大，进口油液经主阀套与主阀芯的开口流至出油口，同时，小部分油液通过主阀体上的阻尼孔流至先导阀体上的油口，同时作用在主阀芯上腔及先导阀芯上。当进口压力未达到设定压力时，先导阀芯关闭，形成密闭容积。按帕斯卡原理静压处处相等，主阀芯上腔压力即为进油口压力，阀芯上下腔无压差，复位弹簧作用，主阀芯仍处于最下端(主阀芯与主阀套间的开口仍是最大)。当进口压力超过设定压力时，作用在先导阀芯上的液压力大于调压弹簧力，先导阀芯打开，先导油路与泄油通道连通，油液流动，先导油路阻尼孔产生压力损失，主阀芯上腔压力小于进口油口，主阀芯上下腔形成压力差，主阀芯上移，与主阀套的开口减小，压力损失增大，出油口压力下降。

六、清洗零部件。用煤油或柴油清洗阀芯等关键零部件，以及阀体内的油道油槽，并将清洗液擦拭干净。

七、检修。对所有零件进行目视检查，对损伤严重的零件用仪器检测。

(1)主阀芯外表有无毛刺，与阀套的配合间隙是否合适。

(2)复位弹簧、调压弹簧有无变形。

(3)先导阀芯有无磨损。

(4)密封圈有无变形和老化。

（5）主阀体和先导阀体的检查。

八、装配。按照正确的步骤装配减压阀。注意装配前要用液压油润滑相关零部件。

将调压弹簧、先导阀芯放置在调压机构上，拧紧先导阀体与调压机构；将主阀套装入主阀体，主阀芯装入主阀套，装入复位弹簧；连接先导阀与主阀。

九、各组组员依次练习上述操作步骤。

十、考核。

每组随机抽取 1 名组员，完成上述步骤。

考核标准如表 6-4 所示。

表 6-4 考核标准

考核时间	序号	考核项目	满分	评分标准	得分
20 mim	1	拆解先导式减压阀	10	错一处扣 5 分	
	2	减压阀零部件认知	20	错一处扣 5 分	
	3	减压阀工作原理分析	20	根据表述情况酌情扣分	
	4	清洗、检修零部件	20	错一处扣 5 分	
	5	装配先导式减压阀	20	错一处扣 5 分	
	6	6S	10	整理遗漏酌情扣分	
	7	因违规操作造成人身伤害或设备事故，计 0 分			
分数总计			100		

任务三　顺序阀

顺序阀是利用油液压力作为控制信号来控制油路的通断，从而控制多个执行元件的动作顺序，控制顺序阀动作的作用力可以是进油路自身压力，也可以是外来油源压力。顺序阀亦可分为直动式和先导式。

一、顺序阀的结构和工作原理

（一）直动式顺序阀

直动式顺序阀的结构原理如图6－14所示。压力油由液压泵或某一执行元件，由一次进油口A进入，并通过下盖1的孔道作用于阀芯2的下端控制活塞3，阀的二次油出口B可通往另一执行元件，泄油口L通油箱。阀芯2在弹簧4作用下将阀进出口截断。当一次油压上升到一定值时，阀芯下端的油压作用力大于弹簧力，阀芯上移，阀开启，一次油口A与二次油口B接通。拧动调压螺栓可以调整阀的开启压力。

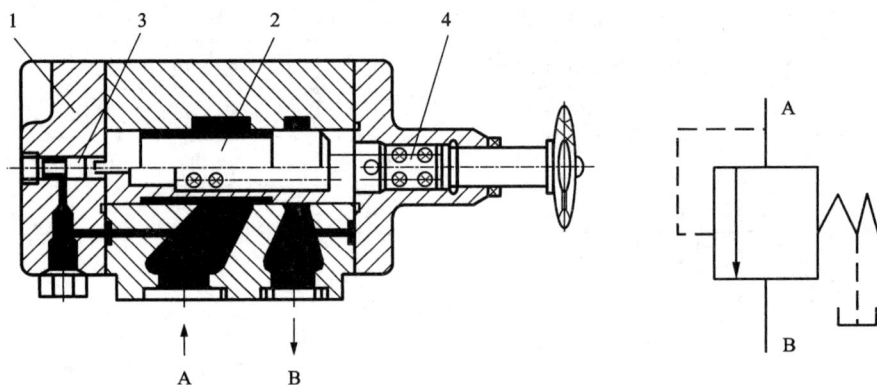

图6－14　直动式顺序阀的结构原理和图形符号
1—下盖；2—阀芯；3—控制活塞；4—弹簧

这种由一次油直接控制的顺序阀，叫直控顺序阀。如果将下盖转过180°使阀芯下端的控制油不再与一次油路相通，将远控口K的螺钉拧掉接外部控制油路，便可实现远控。若远控顺序阀的二次油口接油箱，便成为卸荷阀。

（二）先导式顺序阀

先导式顺序阀的实物、工作原理和图形符号如图6－15所示。油路A的压力油经控制油路作用于先导阀的阀芯上。同时，它经主阀芯阻尼孔作用于主阀芯的弹簧腔。当该压力超过弹簧的设定值时，先导阀芯克服弹簧移动。该压力信号由内部从油口A经控制油路获得。主阀芯弹簧腔的油液，经阻尼孔和控制油路及流入B通道。这样，主阀芯两端就产生一个压降，油口A至B被打开而连通，弹簧设定的压力保持不变。先导阀芯的泄漏油由L回到油箱。

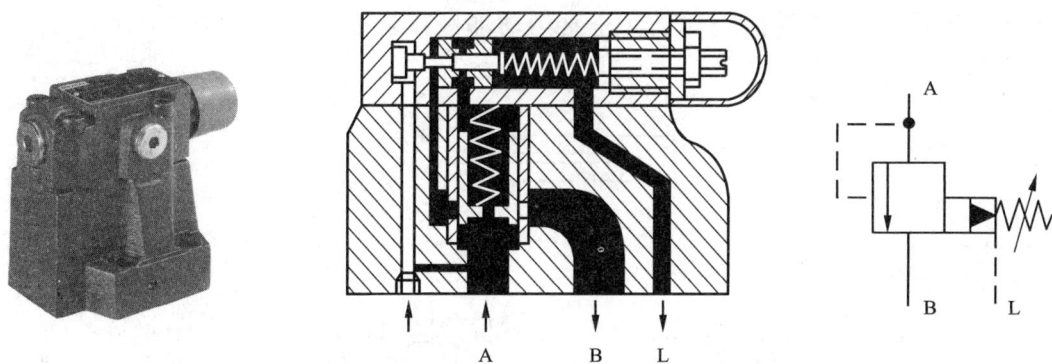

图 6 – 15　先导式顺序阀的实物、工作原理和图形符号

二、顺序阀的应用

1. 用来使两个或两个以上执行元件按一定的顺序动作

图 6 – 16 为一定位夹紧回路，要求先定位后夹紧。如图示液压泵供油，一路至主系统，另一路经减压阀单向阀、换向阀至定位缸的上腔，推动活塞下行进行定位。定位后缸的活塞停止运动，顺序阀打开，压力油进入夹紧液压缸的上腔，推动活塞下行，进行夹紧。

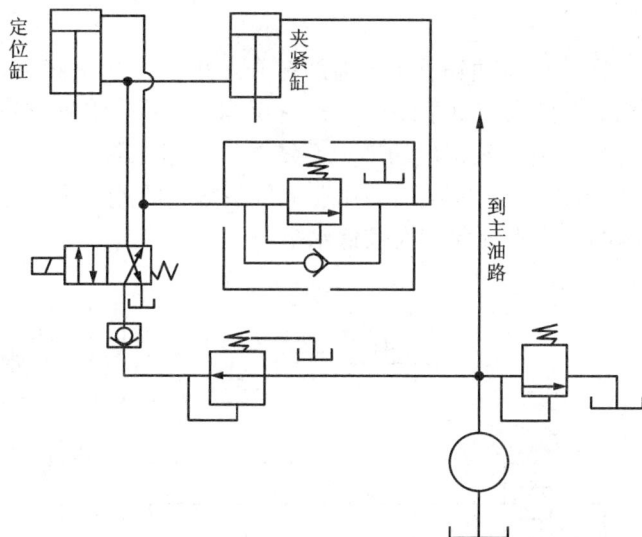

图 6 – 16　采用顺序阀的定位夹紧回路

2. 做背压阀用

用内控顺序阀接在液压缸回路上，产生背压，以使活塞的运动平稳。

3. 做平衡阀用

单向顺序阀可作平衡阀用，以防止垂直运动部件在泵不工作时，因自重而下滑。如图 6-17 所示。

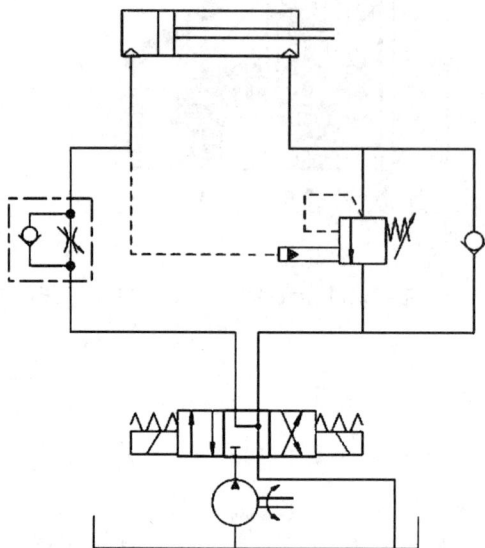

图 6-17 单向顺序阀用作平衡阀的平衡回路

4. 做卸荷阀用

将远控顺序阀的二次油口接油箱，便成为卸荷阀。用外控顺序阀可在双泵供油系统中，当系统所需流量较小时，可使大流量泵泄荷。如图 6-18 所示，将先导式顺序阀安装在一个高压小流量泵和一个低压大流量泵组成的动力系统中。一旦系统压力超出给定的负载压力，即负载从快速运动变为做功运动，顺序阀动作使低压泵输出的流量全部泄回零压油箱。通过这种方式，可使动力源的功率消耗保持在较低水平。

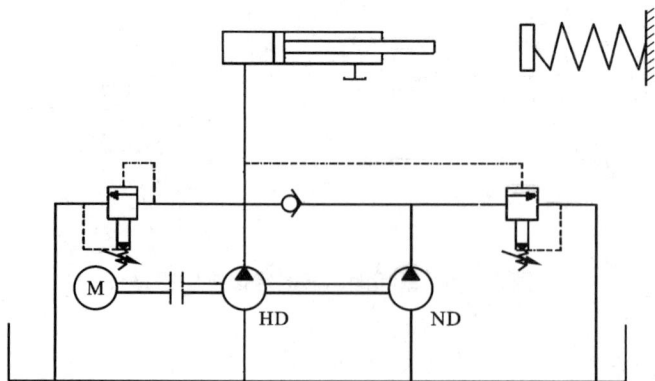

图 6-18 采用顺序阀的卸荷回路

5. 保证油路的最低压力

如图 6-19 所示，当液压缸 1 的活塞开始上升后，在压力超过顺序阀 A 的调整压力时液压缸 2 才动作；这样在液压缸 2 动作时，不致因压力过低，而使液压缸 1 的活塞在自重作用下落。

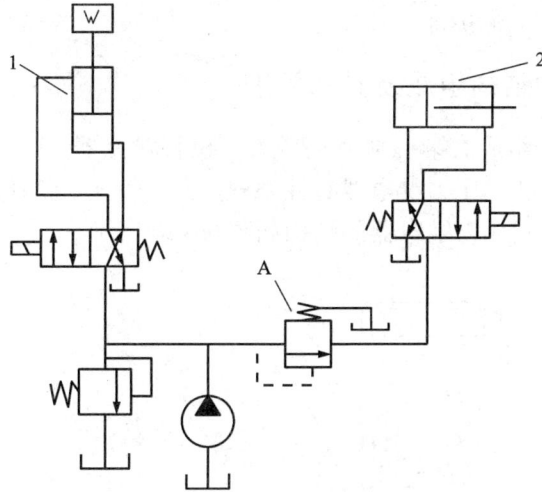

图 6-19　采用顺序阀的保压回路

任务四　压力继电器

压力继电器是利用液体压力来启闭电气触点的液电信号转换元件。当系统压力达到继电器的调定压力时，压力继电器发出电信号，控制电气元件动作，实现泵的加载泄荷，执行元件的顺序动作或系统的安全保护即连锁控制等功能。

一、压力继电器的结构组成及基本原理

压力继电器由两部分组成。第一部分是压力－位移转换器，第二部分是电气微动开关。按压力－位移转换器的特点，压力继电器有柱塞式、弹簧管式、膜片式和波纹管式四种。其中柱塞式最为常用。柱塞式压力继电器的结构如图6－20所示。

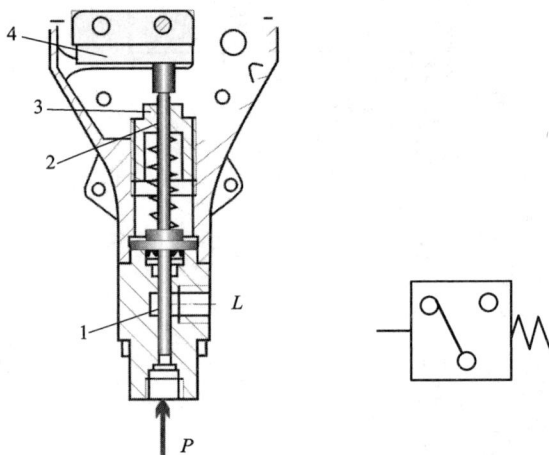

图6－20　压力继电器的结构原理及图形符号
1—柱塞；2—杠杆；3—调压弹簧；4—电气开关

其工作原理是控制油口接到需要取得液压信号的油路上，而后压力油 P 使柱塞1上升，使得两边弹簧座与外套筒台肩相碰；同时钢球水平移动使杠杆绕轴转动，杠杆另一端压下电气开关4的触头，发出电信号。

二、压力继电器的应用

压力继电器的主要应用场合如下。

1. 执行元件换向

图6－21所示为三一拖泵搅拌回路，搅拌马达带动搅拌轴、搅拌叶片正转搅动。当搅拌叶片被骨料卡住无法继续转动时，回路憋压压力升高，压力继电器5检测到搅拌压力达到其设定值时，发出电信号使电磁换向阀4得电，电磁阀换至左位工作，搅拌马达反转，清除掉发卡骨料，回路压力逐渐恢复正常，压力继电器复位，让电磁阀断电，搅拌马达恢复正转。

2.顺序动作控制

图 6 - 22 所示为用压力继电器控制双油路动作顺序的回路。当支路工作压力达到设定值时,压力继电器 5 发信,操纵主油路电磁换向阀动作,主油路工作。当主油路压力低于支路压力时,单向阀 3 关闭,支路由蓄能器 4 补油并保压。

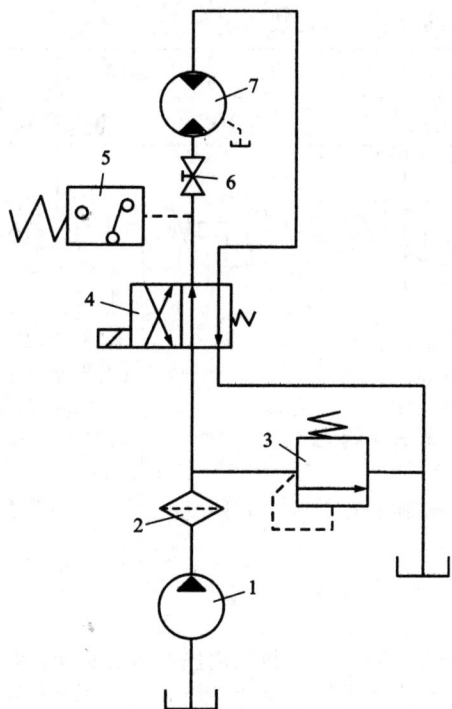

图 6 - 21 用压力继电器控制执行元件换向
1—定量液压泵;2—过滤器;3—溢流阀;4—电磁
换向阀;5—压力继电器;6—球阀;7—液压马达

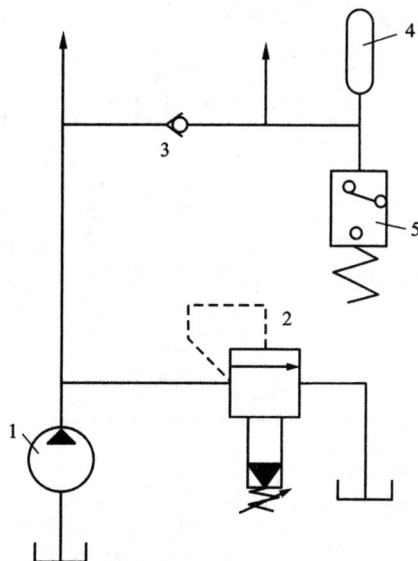

图 6 - 22 用压力继电器控制双油路动作顺序回路
1—定量液压泵;2—溢流阀;3—单向阀;
4—蓄能器;5—压力继电器

任务五 压力阀的异同点比较

顺序阀、溢流阀、减压阀三种压力阀的比较如表6-3所示。

表6-3 顺序阀、溢流阀、减压阀的异同点比较

比较内容	溢流阀		减压阀		顺序阀	
	直动式	先导式	直动式	先导式	直动式	先导式
图形符号						
阀芯结构	滑阀、锥阀、球阀	滑阀、锥阀、球阀式导阀；滑阀、锥阀式主阀	滑阀、锥阀、球阀	滑阀、锥阀、球阀式导阀；滑阀、锥阀式主阀	滑阀、锥阀、球阀	滑阀、锥阀、球阀式导阀；滑阀、锥阀式主阀
阀口状态	常闭	主阀常闭	常开	主阀常开	常闭	主阀常闭
控制压力来源	入口	入口	出口	出口入口	入口	入口
控制方式	通常为内控	既可内控又可外控	内控	既可内控又可外控	既可内控又可外控	既可内控又可外控
二次油路	接油箱接回油	接油箱接回油	接次级负载	接次级负载	通常接负载；作背压阀或卸荷阀时接油箱	通常接负载；作背压阀或卸荷阀时接油箱
泄油方式	通常为内泄，也可以外泄	通常为内泄，也可以外泄	外泄	外泄	外泄	外泄
组成复合阀	可与电磁换向阀组成电磁溢流阀	可与电磁换向阀组成电磁溢流阀，或与单向阀组成卸荷溢流阀	可与单向阀组成单向减压阀	可与单向阀组成单向减压阀	可与单向阀组成单向顺序阀	可与单向阀组成单向顺序阀
适用场合	定压溢流、安全保护、系统卸荷、远程和多级调压、作背压阀	减压稳压	减压稳压、多级减压	顺序控制、系统保压、系统卸荷、作平衡阀、作背压阀		

本项目小结

本章论述了压力阀的结构与工作原理，各种压力控制回路的应用，重点分析了各压力阀在结构原理上的异同点。

复习思考题

1. 为什么溢流阀、减压阀弹簧腔的泄漏油不采用同一方式回油？
2. 溢流阀分先导式和直动式，为什么先导式溢流阀的先导阀部分又是一个直动式溢流阀呢？
3. 试分析二级同心高压溢流阀的工作原理。
4. 何谓溢流阀的开启压力？
5. 试比较溢流阀、减压阀、顺序阀的异同点。

项目七
流量阀及节流调速回路

教学目标

知识目标：知晓流量阀的类型及应用；理解调速阀的工作原理及特征。

能力目标：能够合理选用及使用流量控制阀；能够分析节流调速回路。

流量控制阀简称流量阀，它的主要作用是在一定的压力差下，依靠改变节流口液阻的大小来控制通过节流口的流量，从而调节执行元件(液压缸或液压马达)运动速度的阀类。流量阀包括节流阀、调速阀、溢流节流阀和分流节流阀。

流量控制阀的主要性能要求：有足够的调节范围；能保证稳定的最小流量；温度和压力变化对流量的影响小；调节方便；泄漏小；等等。

本章将专门介绍流量控制阀与节流调速回路的分类、结构、职能符号、工作原理、作用以及常见故障和解决方法。

任务一　节流阀

一、节流阀的分类

节流阀是一种最简单又最基本的流量控制阀，它是借助于控制机构使阀芯相对于阀体孔运动，以改变阀口的通流面积从而调节输出流量的阀类。

节流阀有多种结构形式：

按其功用来分，具有节流功能的有单向节流阀、精密节流阀、节流截止阀等。

按节流口节流形式来分，节流阀有针式、沉槽式、偏心槽式、锥阀式、三角槽式、薄刃式等多种。

按其调节功能来分，节流阀简式和可调式两种。所谓简式节流阀通常是指在高压下调节困难的节流阀，由于它对作用于节流阀芯上的液压力没有采取平衡措施，当在高压下工作时，调节力矩很大，因而必须在无压或低压下调节。相反，可调式节流阀由于在阀芯上采取平衡措施，因而无论在何种工况下进行调节，调节力矩都很小。

节流阀的图形符号如图 7-1 所示。

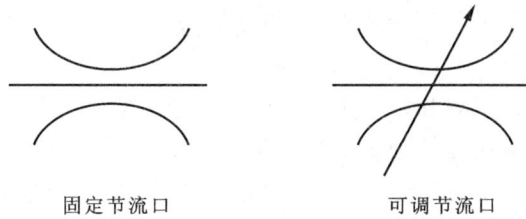

固定节流口   可调节流口

图7-1 节流阀图形符号

节流阀常与定量泵、溢流阀和执行元件一起组成节流调速回路。若执行元件的负载不变,则节流阀前后压力差一定,通过改变节流阀的开口面积,可调节流经节流阀的流量(即进入执行元件的流量),从而调节执行元件的运行速度。此外,在液压系统中,节流阀还可起到负载阻力以及压力缓冲的作用。

二、节流阀的结构与工作原理

节流阀的结构与工作原理如图7-2所示。结构中的节流口是轴向三角槽式,油液从进油口 P_1 进入,经阀芯上的三角槽节流口后,由出油口 P_2 流出。阀芯1右端开有小孔,使阀芯左右两端的液压力抵消掉一部分,因而调节力矩较小,便于在高压下调节。当调节节流阀的手轮3时,可通过推杆2推动节流阀芯1左右移动,节流阀芯的复位由复位弹簧4的弹力来实现。通过转动手轮3可使阀芯作左右轴向移动,以改变节流口的通流面积。

在液压回路中,液阻对通过的流量起限制作用,因此节流阀可以调速。在实际应用中,如图7-3所示,将节流阀串联在液压泵与执行元件之间,同时在节流阀与液压泵之间并联一个溢流阀。调节节流阀,可使进入液压缸的流量改变。由于系统中采用定量泵供油,多余的油从溢流阀溢出。这样节流阀就能达到调节液压缸速度的目的。

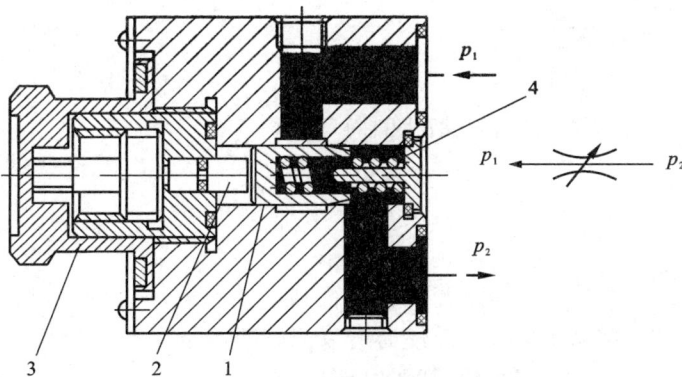

图7-2 节流阀结构与工作原理

1—阀芯;2—推杆;3—手轮;4—复位弹簧

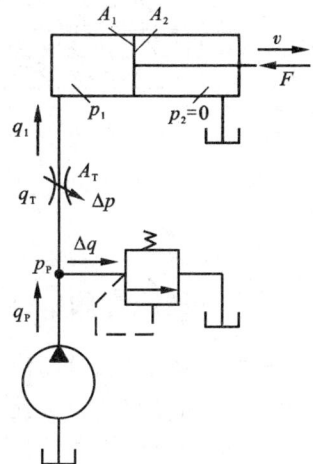

图7-3 节流阀的应用举例

任务二　调速阀

节流阀由于刚性差，在节流开口一定的条件下，通过它的工作流量受工作负载变化的影响，不能保持执行元件运动速度的稳定，因此仅适用于负载变化不大和速度稳定性要求不高的场合。由于工作负载的变化很难避免，为了改善调速系统的性能，通常是对节流阀进行压力补偿。补偿的方法之一是将定差减压阀与节流阀串联起来组成减压节流型调速阀，也就是二通流量控制阀；另一种补偿方法是将溢流阀与节流阀并联起来组成溢流节流型调速阀，即三通流量控制阀。这两种压力补偿方法是利用流量变化所引起的变化，通过阀芯的负反馈动作，来自动调节节流部分的压力差，使其基本保持不变。

油温的变化也必然引起油液黏度的变化，从而导致通过节流阀的流量发生相应的改变，为此出现温度补偿调速阀。

一、二通流量阀

如果系统规定了执行元件的速度需要保持恒定，而与所驱动的负载无关，就必须使用压力补偿式流量控制阀。二通流量阀就是其中一种，它由定差减压阀与节流阀串联组成。靠定差作用的减压阀进行压力补偿，保持节流口前后压差恒定，适用于对速度稳定性要求较高，且功率较大的进油路节流调速系统。其工作原理及职能符号如图 7-4 所示。

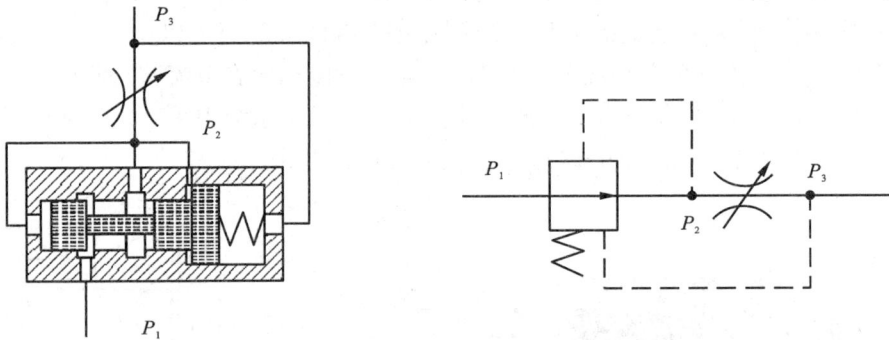

图 7-4　二通流量阀工作原理及职能符号

二、三通流量阀

三通流量阀也就是溢流节流阀，它由溢流阀与节流阀并联而成。当负载压力变化时，由于溢流阀的补偿作用使节流阀两端压差保持恒定，从而使通过节流阀的流量仅与其通流面积成正比，而与负载压力无关。图 7-5 为三通流量阀的工作原理。

由图 7-5 可见，从液压泵输出的压力油（压力为 p_1），一部分通过节流阀 4 的阀口由出油口处流出，压力降到 p_2，进入液压缸 1 克服负载 F，而以速度 v 运动；另一部分则通过溢流阀 3 的阀口溢流回油箱。溢流阀上端的油腔与节流阀后的压力油（压力为 p_2）相通，下端的油腔与节流阀前的压力油（压力为 p_1）相通。并由 P_2 取一控制油作用在溢流阀阀芯 A 面上，P_1

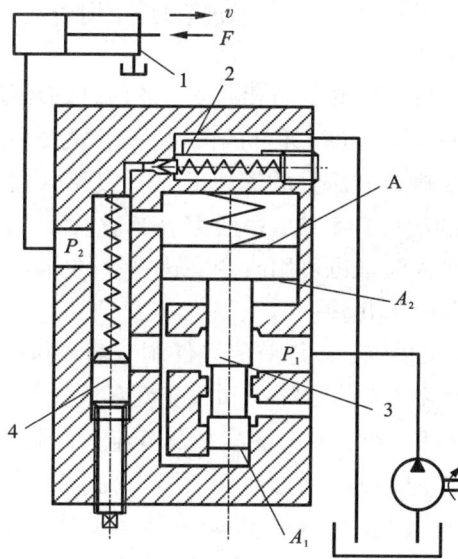

图 7 – 5　三通流量阀的工作原理
1—液压缸；2—案例阀；3—溢流阀；4—节流阀

取一控制油作用在溢流阀阀芯 $A_1 + A_2$ 面上。它有三个外接油口，其中一个进口两个出口，因此称为三通流量阀。图 7 – 6 为三通流量阀的详细职能符号和简化职能符号。

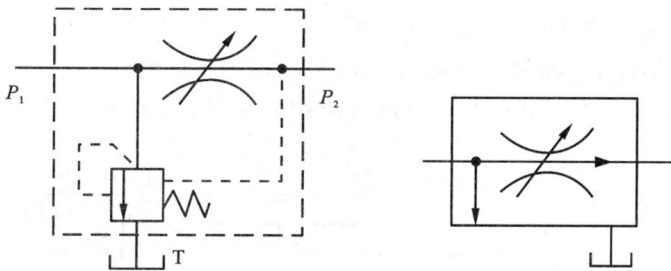

图 7 – 6　三通流量阀的详细职能符号和简化职能符号

三通流量阀主要有以下作用：卸荷系统总流量；控制每片阀的流量；建立系统所需压力；具有一定减震作用。三通流量阀一般只用在进油路上，泵的供油压力 P 将随着负载压力 A 的变化而变化，具有负载敏感特性，系统效率损失小、效率高、发热量小。

执行元件上的负载变化，是靠压力补偿器(溢流阀)节流口自动变化其大小，经过第三个油口将泵输出的多余流量排入油箱来补偿。

任务三　节流调速回路

在液压系统中，在不考虑液压油的压缩和泄漏，液压缸的运动速度为 $v = Q/A$；液压马达的转速为 $n = Q/q_m$。式中：Q 为输入执行元件的流量；A 为液压缸的有效面积；q_m 为液压马达的排量。从上两式可知，改变输入液压缸的流量 Q 或改变液压缸有效面积 A，都可以达到改变速度的目的。但对于特定的液压缸来说，一般用改变输入液压缸流量 Q 的办法来变速。而对于液压马达，既可用改变输入流量也可用改变马达排量的方法来变速。

概括起来，调速方法可分以下几种：

(1) 节流调速：即用定量泵供油，采用节流元件调节输入执行元件的流量 Q 来实现调速。

(2) 容积调速：即改变变量泵的供油量 Q 和改变变量液压马达的排量 q_m 来实现调速。

(3) 容积节流调速：用自动改变流量的变量泵及节流元件联合进行调速。

其中节流调速回路的工作原理为，通过改变回路中流量控制元件通流截面积的大小来控制流入执行元件或自执行元件流出的流量，以调节其运动速度。这种调速回路具有结构简单、工作可靠、成本低、使用维护方便、调速范围大等特点；由于其能量损失大、效率低、发热大，故该回路通常用于使用功率不大的设备中。

一、定压式节流调速回路

图 7-7 是定压式节流调速回路的一般形式，这种回路都是使用定量泵并且必须并联一个溢流阀。图 7-7(a) 是将节流阀串联在液压泵与液压缸之间，称为进口节流式；图 7-7 (b) 是将节流阀串接在液压缸的出口上，称为出口节流式；图 7-7(c) 是进口、出口上都串接节流阀的结构，称为进-出口节流式。很明显，图 7-7(a) 和图 7-7(b) 是图 7-7(c) 的特例。这些回路中泵的压力经溢流阀调定后，基本上保持恒定不变，所以称为定压式节流调速回路。调节节流阀通流面积，既可改变通过节流阀的流量，从而调节液压缸的运动速度。而

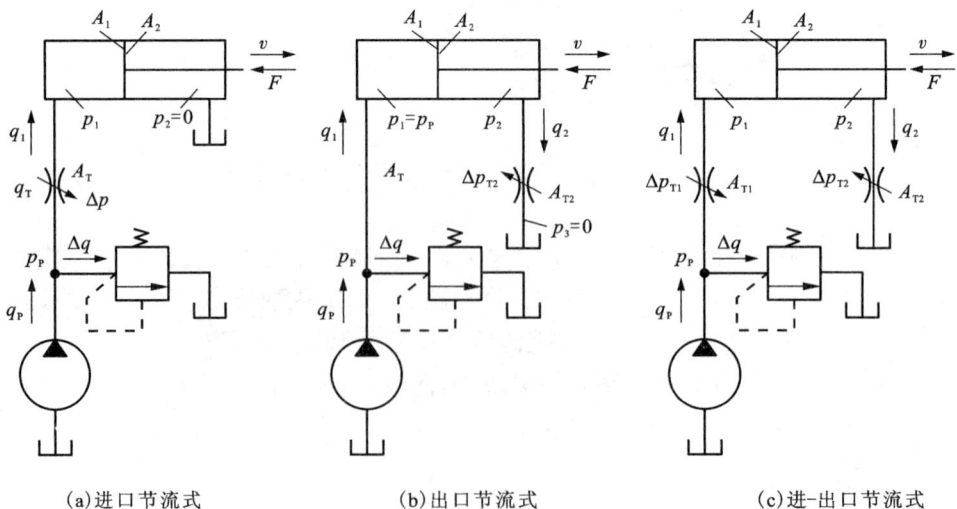

(a)进口节流式　　　　　　　　(b)出口节流式　　　　　　　　(c)进-出口节流式

图 7-7　定压式节流调速回路

定量泵输出的油液一部分经节流阀进入缸的工作腔,多余的油液经溢流阀回油箱,这是这种回路能正常工作的必要条件。

二、变压式节流调速回路

图 7-8 是变压式节流调速回路。这种回路使用定量泵,必须并联一个安全阀,并把节流阀接在与主油路并联的分支油路上(因此它又称为支路节流调速回路或旁油路节流调速回路)。这种回路的工作压力随负载而变;节流阀调节排回油箱的流量,通过节流回油箱的流量多,则进入液压缸的流量就少,活塞运动速度就慢;反之,活塞运动速度就快,从而间接地对进入液压缸的流量进行控制;安全阀只在回路过载时才打开,其调定压力一般为系统最大负载压力的 1.1~1.2 倍。

三、采用溢流节流阀的节流调速回路

图 7-9 为采用溢流节流阀的节流调速回路。泵的工作压力随负载的变化而变化,其效率比进口节流阀(或调速阀)调速回路高。此回路适用于运动平稳性要求较高、功率较大的节流调速系统。

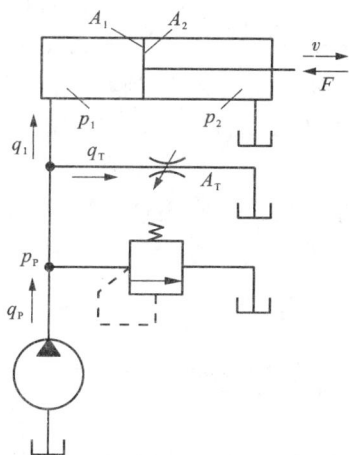

图 7-8　变压式(旁油路)节流调速回路

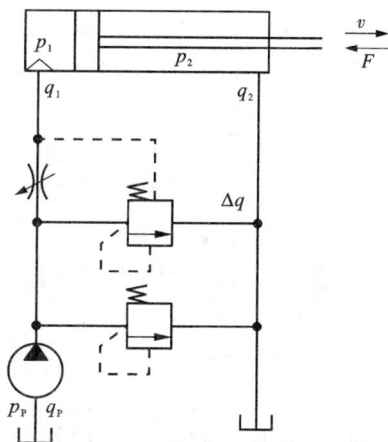

图 7-9　用溢流节流阀的节流调速回路

本项目小结

本章论述了节流阀、二通流量阀、三通流量阀的结构与工作原理。

复习思考题

1. 论述影响节流口流量稳定性的因素。
2. 节流口有哪几种节流形式?
3. 画出二通流量阀的职能符号图,说明其工作原理。

项目八
插装阀

教学目标

知识目标：了解插装阀的特点；掌握插装阀的结构、工作原理。

能力目标：能够分析插装阀的工作原理。

插装阀的主流产品是二通插装阀，它是在 20 世纪 70 年代初根据控制阀阀口在功能上都可看作固定的或可调的或可控液阻的原理，发展起来的一类覆盖压力、流量、方向及比例控制等新型控制阀类。它的基本构件为标准化、通用化、模块化程度很高的插装式阀芯、阀套、插装孔和适应各种控制功能的盖板和适应各种控制功能的盖板组件，具有流通能力大、密封性好、自动化程度高等特点，已发展成为高压大流量领域的主导控制阀品种。三通插装阀由于结构的通用化、模块化程度不及二通插装阀，因此未能得到广泛应用。螺纹插装阀原先为工程机械用阀，且往往作为主要阀件(如多路阀)的附件形式出现。近十年在二通插装阀技术的影响下，渐渐地在小流量范畴内发展成独立体系。

任务一　二通插装阀控制技术的发展及其特点

二通插装阀是一种较新型的液压控制元件，它适用于高压大流量的液压系统中，与普通液压阀相比，它有以下优点：

(1)结构简单、紧凑、工艺性好，阀芯流动流阻小；

(2)通流能力大，适用于大流量场合；

(3)阀芯动作灵敏，响应快；

(4)密封性能好，泄漏小；

(5)工作可靠，抗污染能力强，寿命长；

(6)适用于各种液压介质，如液压油、乳化油、水质；

(7)便于实现集成化，能高度集成，适于与数字元件、比例元件及计算机组合使用，实现自动控制；

(8)便于实现标准化、系统化、通用化。

由于二通插装阀具有独特的优点，它被广泛应用于重型机械、锻压机械、塑料机械、冶金机械、船舶、工程机械、矿山机械等领域。

　　二通插装阀在国际上应用广泛，德国的 Rexroth 公司和 Denison 公司起步较早。我国从 20 世纪 80 年代中期开始研究和设计制造二通插装阀，现已生产出 16～160 mm 通径的系列定型产品，并已由专业液压元件生产厂家批量生产，供应市场。上海液压件一厂、北京液压机械厂、济南铸造锻压机械研究所是国内起步较早的二通插装阀生产厂家，苏州液压件厂、广州白云液压机械厂、邹县液压实验厂等厂也相继生产各种系列插装阀。如图 8－1 所示。三一用的大部分是美国的威格士(Vickers)插装阀。

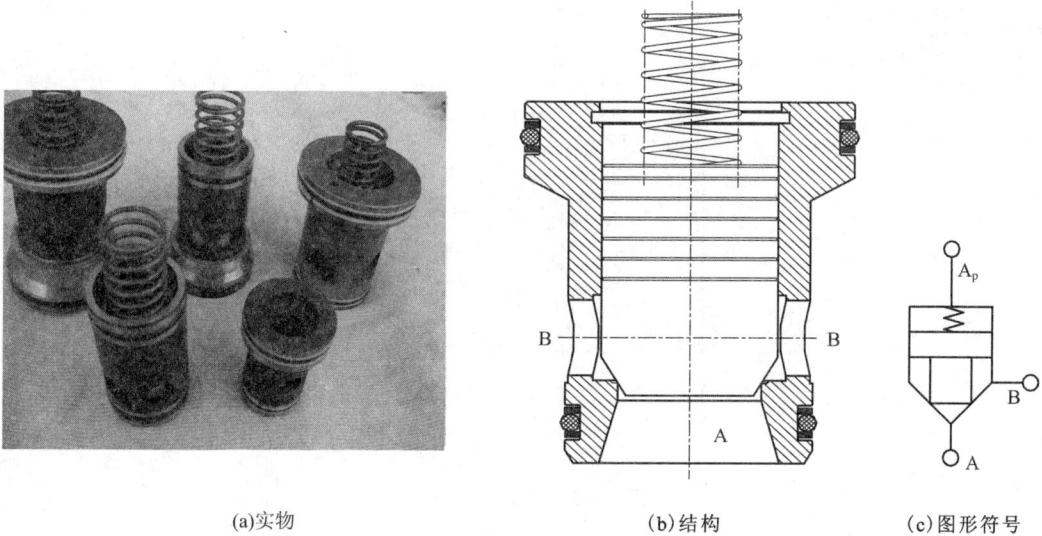

(a)实物　　　　　　　　　　(b)结构　　　　　　　　(c)图形符号

图 8－1　常见二通插装阀

任务二　二通插装阀的结构和工作原理

一、二通插装阀的组成

典型的二通插装阀由插装件、控制盖板和插装块体三个部分组成，如图 8-2 所示。插装件又称主阀组件或功率组件，它通常由阀芯、阀套、弹簧和密封件四个部分构成。

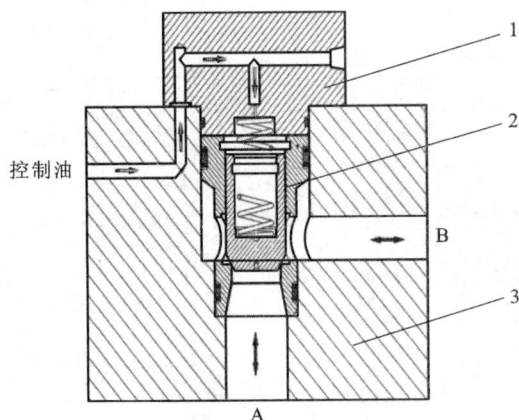

图 8-2　插装阀的组成

1—控制盖板；2—插装件；3—插装块体

有时根据需要，阀芯内还可设置节流螺塞或其他控制元件，阀套内还可设置弹簧挡环等。将其插装在块体(又称集成块体)中，通过它的开启关闭动作和开启量的大小来控制液流的通断或压力的高低、流量的大小以实现对液压执行机构的方向、压力和速度的控制。

二、二通插装阀的工作原理

图 8-3 所示为插装阀工作原理。

图中 A、B 为主油路连接口，X 为控制油腔，三者的油压分别为 P_A、P_B 和 P_X，各油腔的有效作用面积分别为 A_A、A_B 和 A_X，由图可见

$$A_X = A_A + A_B \qquad (8-1)$$

插装阀的工作状态是由作用在阀芯上的合力的大小和方向来决定的。当不计阀芯重量和阀芯阻力时，阀芯所受的向下的合力 $\sum F$ 为：

$$\sum F = P_X A_X - P_A A_A - P_B A_B + F_1 + F_2 \qquad (8-2)$$

式中：F_1 为弹簧力；F_2 为阀芯所受稳态液动力。

由式(8-2)可得，当 $\sum F > 0$ 时，阀口关闭，即

$$P_X > \frac{P_A A_A + P_B A_B - F_1 - F_2}{A_X} \qquad (8-3)$$

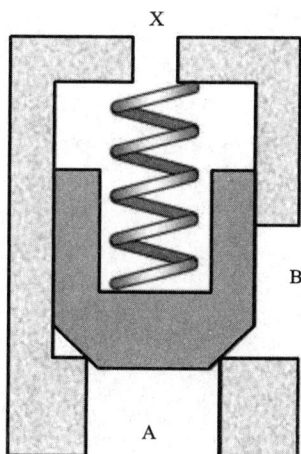

图 8 – 3　插装阀工作原理

当 $\sum F < 0$ 时，阀口开启，即

$$P_X < \frac{P_A A_A + P_B A_B - F_1 - F_2}{A_X} \qquad (8-4)$$

由此可见，插装阀的工作原理是依靠控制腔（X 腔）的压力大小来启闭的。控制腔压力大时，阀口关闭；压力小时，阀口开启。

本项目小结

本章重点介绍了插装阀的特点、结构及工作原理。

复习思考题

1. 简述插装阀的优点。
2. 画出插装阀的图形符号。
3. 简述插装阀的工作原理。

项目九
辅助元件

教学目标

知识目标：了解蓄能器、滤油器、油箱等各液压辅助元件的作用；掌握蓄能器的使用注意事项；掌握滤油器的选择原则。

能力目标：能够正确选用辅助元件；能够对辅助元件进行维护保养。

液压系统中的辅助元件，如蓄能器、滤油器、液压油油箱、热交换器（冷却器和加热器）、密封件、油管及管接头等。

从液压系统各组成部分的作用来看，以上元件仅起到辅助作用，但它们对系统的动态性能、工作稳定性、工作寿命、噪声和温升等有直接影响。在实践中已证明，由于设计、安装和使用时对辅助装置的疏忽大意，造成液压系统不能正常工作。因此，应对辅助装置的正确设计、选择和使用予以重视。

任务一 蓄能器

一、蓄能器的类型、结构及工作原理

（一）蓄能器的类型

蓄能器按结构不同分为弹簧式和充气式两类。充气式按构造不同又分为气瓶式、活塞式和气囊式等几种。工程机械上主要应用气囊式。它在泵车上的位置如图9-1所示。

（二）蓄能器的结构及工作原理

主要介绍气囊式蓄能器的结构，它主要由充气阀1、壳体2、气囊3和提升阀4等组成。如图9-2所示。

蓄能器中气囊使用耐油橡胶与充气阀座一起压制而成，靠压紧螺母固定在壳体上端，充气阀仅在蓄能器工作前对其充气，蓄能器工作后始终关闭，气囊充气压力为系统最低工作压力的60%~70%。气囊内的气体体积随蓄能器内油压力的高低而压缩或膨胀。提升阀的作用是防止油液全部排出时气囊膨胀出容器之外。气囊式蓄能器的特点是漏气损失小，反应灵敏，可以吸收急速的压力冲击和脉动，重量轻和体积小是目前应用最广的一种蓄能器。折合型气囊容积大，适合于蓄能；波纹型气囊容量小，适用于吸收冲击。

图 9 - 1　气囊式蓄能器在泵车上的位置

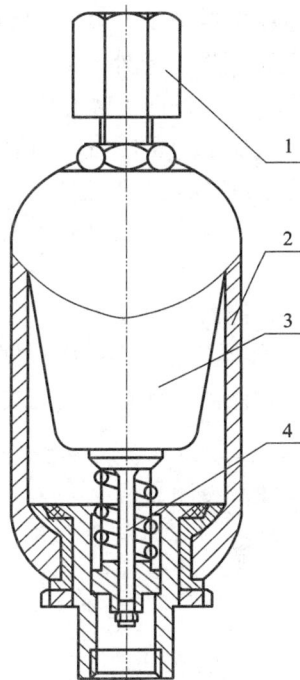

图 9 - 2　气囊式蓄能器

1—充气阀；2—壳体；3—气囊；4—提升阀

二、蓄能器的功用

蓄能器的功用主要是储存油液的压力能。在液压系统中蓄能器常用来：

1. 在短时间内供应大量压力油液

实现周期性动作的液压系统，在系统不需大量油液时，可以把液压泵输出的多余压力油液储存在蓄能器内，到需要时再由蓄能器快速释放给系统。这样就可使系统选用流量等于循环周期内平均流量的较小的液压泵，以减小电动机功率消耗，降低系统温升。

2. 维持系统压力

在液压泵停止向系统提供油液的情况下，蓄能器能把储存的压力油液供给系统，补偿系统泄漏或充当应急能源，使系统在一段时间内维持系统压力，避免停电或系统发生故障时油源突然中断所造成的机件损坏。

3. 减少液压冲击或压力脉动

蓄能器能吸收系统在液压泵突然启动或停止、液压阀突然关闭或开启、液压缸突然运动或停止时所出现的液压冲击，也能吸收液压泵工作时的压力脉动，大大减少其幅值。

三、使用和安装

蓄能器在液压回路中的安放位置随其功用而不同：吸收液压冲击或压力脉动适宜放在冲击源或脉动源近旁；补油保压时易放在尽可能接近有关的执行元件处。

使用蓄能器须注意如下几点：

（1）蓄能器是压力容器，搬运和装拆适应先将充气阀打开，排除充入的气体，以免因振动。或碰撞而发生意外事故。

（2）应将油口向下竖直安装，且有牢固的固定装置。

（3）液压泵与蓄能器之间应设置单向阀，以防止停泵时，蓄能器的压力油向泵导流；蓄能器与液压系统连接处应设置截止阀，供充气、调整或维修时使用。

（4）用于吸收液压冲击和脉动的蓄能器，应尽可能地装在冲击源或脉动源附近，便于检修。

（5）蓄能器的充气压力应在系统最低工作压力的 90% 和系统最高工作压力的 25% 之间选取。蓄能器的容量，则应根据其用途不同而用不同的方法确定。

（6）蓄能器严禁充入氧气或含氧空气。

任务二　滤油器

一、滤油器的作用和分类

(一)滤油器的作用

滤油器的作用在于过滤液压油液中混入的杂质,使进到液压系统中的油液污染度降低。而液压油液中污染物的来源主要由外界侵入和工作过程中产生的污染物,外界侵入的污染物包括液压油液运输过程中带来的污染物、液压装置组装时残留和周围环境混入的污染物;工作过程产生的污染物包括液压装置中相对运动磨损时产生的和液压油液物理化学性能变化时产生的污染物,它们严重影响液压系统的正常工作,导致液压元件相对运动部件之间的小间隙、节流小孔和缝隙卡死或堵塞;破坏相对运动部件之间的油膜、划伤配合表面、增大内部泄漏、降低工作效率、增加发热;加剧油液变质。根据统计,液压系统的故障中75%以上是由液压油污染造成的,因此,维护油液的清洁,防止油液的污染,滤油器在液压系统中起到必不可少的过滤作用,具有十分重要的地位。

(二)滤油器的分类

滤油器按过滤精度分为粗($d \geqslant 0.1$ mm)、普通($d \geqslant 0.01$ mm)、精($d \geqslant 0.005$ mm)、特精($d \geqslant 0.001$ mm)四类。

按过滤方法可分为机械式、吸收式和吸附式。

按滤芯材料的过滤机制来分:表面型、深度型和吸附型。

按滤芯的结构可分为网式、线隙式、纸芯式、烧结式和磁性滤油器等。

二、滤油器结构介绍

(一)网式滤油器(滤油网)

网式滤油器的特点是结构简单,通油性能好,压力降小(一般为0.025 MPa左右)。但过滤精度差,使用时铜质滤网会使油液氧化加剧。因为需要经常清洗,安装位置要注意便于拆装。

(二)线隙式滤油器

线隙式滤油器的过滤部分由直径为0.4 mm的铜丝绕成,依靠铜丝间的微小间隙来滤除混入油液中的杂质。线隙式滤油器分为压油管路用滤油器和吸油管路用滤油器两种。当用于吸油管路时,不用外壳。滤芯部分直接浸入油液中。压油管路用滤油器过滤精度分为0.03 mm和0.08 mm两类,压力损失小于0.06 MPa;吸油管路用滤油器的过滤精度分为0.05 mm和0.1 mm两类,压力损失小于0.02 MPa。线隙式滤油器结构简单,通油能力大,过滤精度比网式滤油器高。缺点是不易清洗。一般用于低压回路(<2.5 MPa)或辅助油路。

(三)纸质滤油器

如图9-3所示,纸质滤油器的滤芯1由厚度为0.35~0.7 mm的平纹或皱纹的酚醛树脂或木浆微孔滤纸组成,滤芯围绕在骨架2上。油液经过滤芯时,通过微孔滤去混入的杂质。为了增大滤芯强度,一般滤芯分3层:外层采用粗眼钢板网;中层为折叠成W形的滤纸;里层由金属丝网与滤纸一并折叠在一起。滤芯的中央还装有支承弹簧。

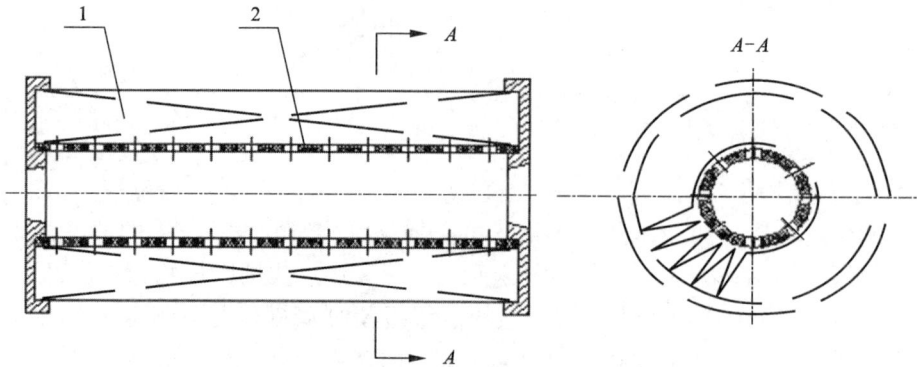

图 9 - 3　纸质滤油器滤芯
1—滤芯；2—骨架

纸质滤油器的过滤精度高，通过将内层滤纸折叠成 W 形可使表面积很大的滤纸装入比较小的容器中，结构紧凑、质量轻、通油能力大。它的工作压力可以达到 38 MPa。缺点是不能清洗，因此要经常更换滤芯。为了保证纸质滤油器能够正常工作，不因杂质逐渐集在滤芯上导致压差增大而压破纸芯，纸质滤油器的上方装有堵塞状态的发讯装置及与滤油器并联的安全阀。当滤芯被堵塞时，发讯装置发出信号，并由安全阀通油。

（四）磁性滤油器

磁性滤油器用来滤除混入油液中的能磁化的杂质效果很好，特别适用于经常加工铸件的机床液压系统。缺点是维护比较复杂。

磁性滤芯可以与其他过滤材料（如滤纸、铜网等）组成组合滤芯。

（五）烧结式滤油器

金属烧结式滤油器的滤芯由球状青铜颗粒，用粉末冶金烧结工艺高温烧结而成，利用颗粒间的微孔滤去油中的杂质，其过滤精度可达 10 ~ 100 μm。滤芯可制成杯状、管状、板状和碟状等多种形式。

烧结式滤油器的压力损失一般为 0.03 ~ 0.2 MPa，过滤精度较高。其主要特点：强度高，承受热应力和冲击性能好，能在较高温度下工作（青铜粉末可达 180℃，低碳钢粉末可达 400℃，镍铬粉末可达 900℃）；有良好的抗腐蚀性；性能稳定；制造简单；再生性好，是一种很有前途的过滤材料。其主要缺点：易堵塞，堵塞后很难清洗；使用中烧结颗粒容易脱落。

三、滤油器的选用

一般的滤油器主要由滤芯（或滤网）和壳体组成，由滤芯上的无数微小间隙或小孔构成油液的通流面积，当混入油液中杂质的尺寸大于这些微小间隙或小孔时，被阻隔并从油液中滤清出来。由于不同的液压系统有着不同的要求，而要完全滤清混入油液中的杂质是没有必要的。因此，对滤油器的要求，应根据具体情况来定，其基本要求包括：

（1）能满足液压系统对过滤精度的要求。

滤油器的过滤精度是指油液通过滤油器时，滤芯能够滤出的最小杂质颗粒度的大小，以其直径 d 的公称尺寸（以 mm 为单位）表示。颗粒度越小，滤油器的过滤精度越高。一般有四类：粗的($d \geqslant 0.1$ mm)、普通的($d \geqslant 0.01$ mm)、精的($d \geqslant 0.005$ mm)、特精的($d \geqslant 0.001$ mm)。不同的液压系统，对滤油器过滤精度的要求不同。

（2）能满足液压系统对过滤能力的要求。

滤油器的过滤能力，是指在一定压差下，允许通过滤油器的最大流量。一般用滤油器的有效过滤面积(滤芯上能通过油液的总面积)来表示。对滤油器过滤能力的要求，应结合滤油器在系统中的安装位置考虑。如安装在液压泵吸油管路上的滤油器，其过滤能力应为液压泵流量的两倍以上。

（3）滤油器材料应具有一定的机械强度，保证在一定工作压力下不会因油的压力作用而受到破坏。

四、滤油器在液压系统中的安装位置及维护

（一）安装位置

滤油器的连接形式有板式、管式和法兰式三种，可以安装在以下位置，如图9-4所示。

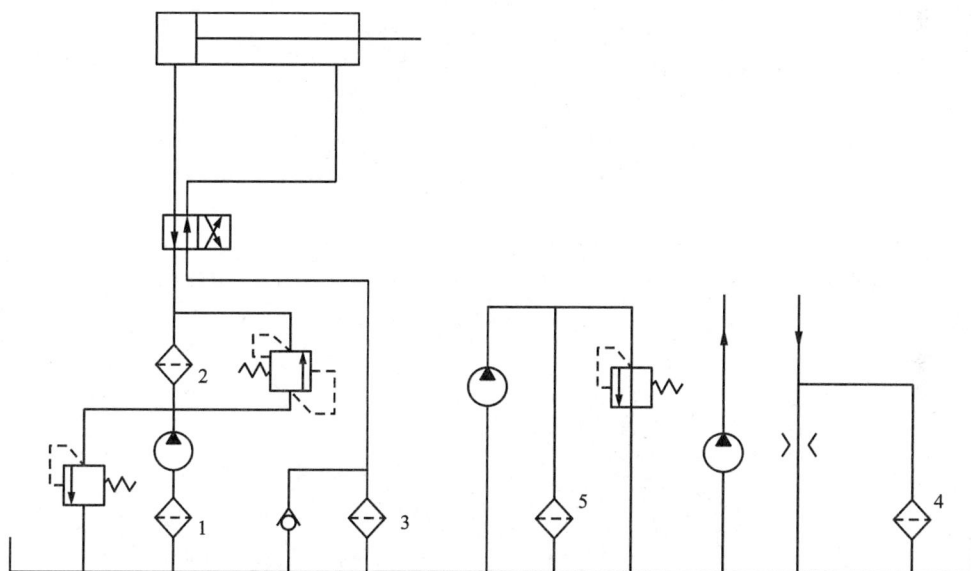

图9-4 滤油器在液压系统中的安装位置

1. 安装在液压泵的吸油管路上

将粗滤油器(一般为网式或线隙式滤油器)装在液压泵的吸油管路上，主要目的是保护液压泵免遭较大颗粒的杂质的直接伤害。为了不致影响液压泵的吸油能力，装在吸油管路上的滤油器的通油能力应大于液压泵流量的两倍。滤油器应经常清洗，以免过多增加液压泵的吸油阻力。

2. 安装在压油管路上

在压油管上可以安装各种精滤油器，用来保护除液压泵以外的其他液压元件。这样安装的滤油器，因为在高压下工作，因此有以下几点要求：滤油器要有一定的强度；滤油器的最大压力降不能超过0.35 MPa；滤油器要安装在溢流阀之后或与安全阀并联，有时还装有堵塞

发讯装置。安全阀的开启压力应略低于滤油器的最大允许压力差。

3. 安装在回油路上

安装在回油管路的精滤油器可以保证流回液压油箱的油液是清洁的。它既不会在主油路造成压力降，又不承受系统的工作压力。因此，回油管路用的滤油器的强度可以较低，体积和重量也可以小一些。为了防备堵塞，也要并联一个安全阀（安全阀的开启压力应略低于滤油器的最大允许压力降）和堵塞发讯装置。

4. 安装在旁油路上

此位置可使管路中大量的油液不断净化，使油液的污染程度得到控制。

5. 独立的过滤系统

这是将滤油器和泵组成一个独立于液压系统之外的过滤回路。它的作用也是不断净化系统中的油液，与将滤油器安装在旁路上的情况相似。它需要增加设备（泵），适用于大型机械的液压系统。

综上所述，除了在液压泵的吸油泵上必须装粗滤油器，在液压元件前装精滤油器外，一般应将滤油器安装在低压回油管路上。

任务三　油箱

油箱的作用主要是储存油液，此外还起着散发油液中热量（在周围环境温度较低的情况下则是保持油液热量），释放出混在油液中的气体，沉淀油液中的污染物和分离冷凝水等作用。泵车上的液压油箱实物如图 9-5 所示。

图 9-5　泵车上的液压油箱实物

液压系统中的油箱有整体式和分离式两种。整体式油箱利用了主机的内腔作为油箱。它结构紧凑，漏油易于回收，但设计和制造比较复杂，维修不便，不易散热，会使主机产生热变形。而分离式油箱是单独设置的，它与主机分开，减少了油箱发热对主机的影响，易于散热，因此得到了普遍的应用。

油箱的典型结构如图 9-6 所示。由图可见，油箱内部用隔板 7 将吸油管 4、滤油器 9 和泄油管 3、回油管 2 隔开。顶部、侧部和底部分别装有空气滤清器 5、注油器 1 及液位计 12 和排污油的堵塞 8。安装板 6 固定在油箱上。

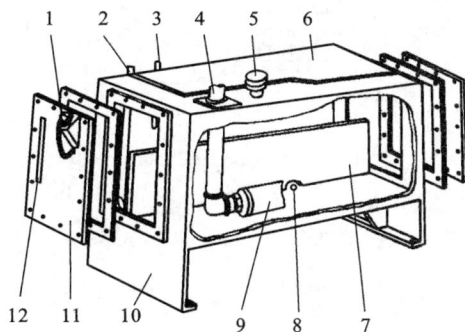

图 9-6　液压油箱

1—注油器；2—回油管；3—泄油管；4—吸油管；5—空气滤清器；6—安装板；7—隔板；8—堵塞；9—滤油器；10—箱体；11—端盖；12—液位计

任务四　热交换器

液压系统的工作温度一般希望保持在 30～50℃ 的范围之内，最高不超过 65℃，最低不低于 15℃。液压系统依靠自然冷却仍不能使油温控制在上述范围内时，就须安装冷却器；反之，如环境温度太低无法使液压泵启动或正常运转时，就须安装加热器。

一、冷却器

冷却器有水冷式和风冷式两种。固定设备使用水冷式较多，行走设备及车辆多采用风冷式冷却器。

(一)水冷式冷却器

水冷式冷却器有盘管式、多管式和翅片式等多种。

盘管式冷却器结构简单，但传热效率低。在液压设备中，多采用多管式冷却器进行强制对流冷却，其结构如图 9-7 所示，它由端盖 2、隔板 4、铜管和外壳等主要零件组成。冷却水从管内通过，高温油液从壳体内铜管间流过形成热交换。隔板将铜管分成两部分，使冷却水每次只能从一部分管子中通过，待流到另一端后，进入另一部分管子而流出，这样可以增大冷却水的流速，提高传热效率。为了增加油在油管间循环的路线长度，增大油的流速，提高传热效率，使油液得到充分冷却，在冷却器中还设置有适当数量的隔板 4，隔板与铜管垂直安装。这种冷却器由于采用强制对流(油和水同时反向流动)的方式，使散热效率提高，结构紧凑，因此应用较普遍。还有一种翅片式冷却器，是水从管内流过，油液在水管外面通过，由管外部装设了横向或纵向的散热翅片。由于传热面积增加，散热效率也提高，而冷却器的体积重量则相对减小。

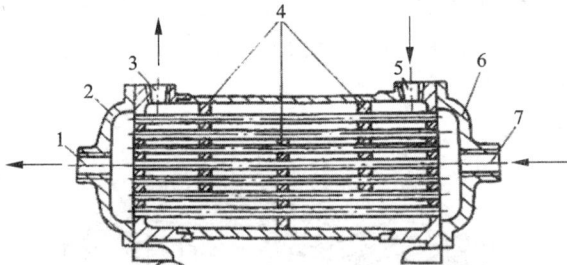

图 9-7　多管式冷却器

1—出水口；2—端盖；3—出油口；4—隔板；
5—进油口；6—端盖；7—进水口

(二)风冷式冷却器

风冷式冷却器的热交换元件有翅片管式和翅板式等形式。它是用空气做冷却介质，使用方便，但具有传热效率低、需要较大的换热面积、噪声大等缺点，不适合在室内的固定设备上使用。

二、冷却器的安装位置

由于液压系统的工作情况不同,冷却器在液压系统中的安装位置可能有如下几种情况。

1.回油路冷却

如图9-8所示,冷却器安装在回油路中,除了对已经发热的主系统回油进行冷却外,考虑到溢流阀溢出的油液带有大量的热量,因此将溢流阀与回油路并联,安全阀用来保护冷却器。当油液不需冷却时,可打开截止阀,油液不经过冷却器而直接回油箱。

2.独立式冷却

有些液压装置,为了避免回油总管中油液的压力脉动对冷却器(特别是板式冷却器)的破坏,或为了提高功率利用率,改善冷却性能,常采用独立式冷却回路,即单设一台液压泵抽吸系统回到油箱的热油,经冷却器后直接回到油箱。独立式冷却回路常用于大型液压系统。如加上温度传感器和水控电磁阀,还可构成自动调节油温的冷却回路,如图9-9所示。

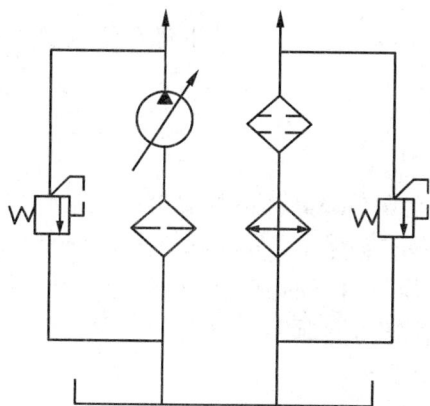

图9-8 回油路冷却

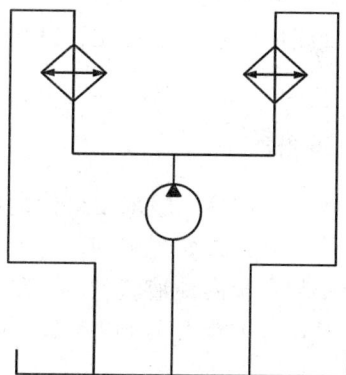

图9-9 独立式冷却

3.短路冷却回路

有些寒冷地区露天作业的行走机械上,为了缩短低温启动时油温上升到正常温度所需要的暖机时间,可采用图9-10所示短路冷却回路,而无须装设加热器。低温启动时,由于油液黏度大,液流流经冷却器的阻力较大,冷却器前的压力达到溢流阀的调定压力,溢流阀开启,大量油液经溢流阀进入液压泵的吸油口,少量油液流经冷却器。由于溢流阀的压力损失,产生热量,对油液加温。当油液达到正常工作温度时,黏度减小,液阻也减小,冷却器前的压力下降,溢流阀关闭,油液经冷却器回油箱,全部油液得以冷却,此时溢流阀作冷却器的安全阀用。

4.自动调节油温冷却回路

图9-11为自动调节油温的冷却回路。当油温超过规定值时,测温头发出电信号,水用电磁二通阀得电,接通冷却水,冷却器开始工作;当油温降低至规定值后,测温头有自动切断水用电磁二通阀的电路,关闭冷却水,冷却器停止工作。为保证控制可靠,测温头发出得电和失电信号的油温应有一定差值,该差值为油温控制的工作范围。

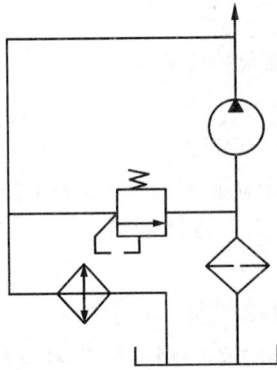

图 9 - 10　短路冷却回路

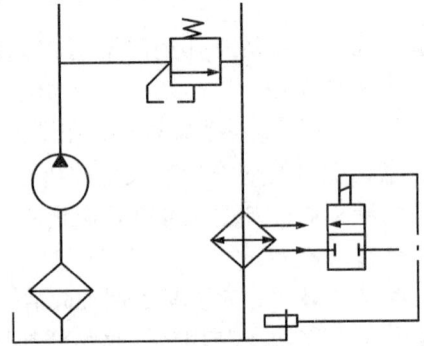

图 9 - 11　自动调节油温冷却回路

5. 闭式系统补油冷却回路

闭式回路因油液循环使用,发热严重,可采用补油泵对回路强制补充冷油置换出热油冷却。

三、加热器

液压系统的加热一般采用结构简单、能按需要自动调节最高和最低温度的电加热器。这种加热器的安装方式如图 9 - 12 所示,它用法兰盘横装在箱壁上,发热部分全部浸在油液内,加热器应安装在箱内油液流动处,以有利于热量的交换。由于油液是热的不良导体,单个加热器的功率容量不能太大,以免其周围油液过度受热后发生变质现象。

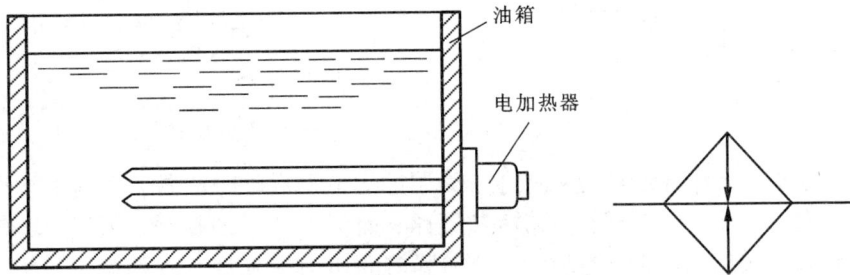

图 9 - 12　电加热器的安装位置及图形符号

任务五 油管及管接头

液压系统的所有元件与辅件都是依靠液压油管与管接头进行连接,将液压油从油泵输送到各执行机构去,再从执行机构引回油箱形成封闭的回路,构成一个完整的液压系统。因此液压油管和管接头也是液压系统中必不可少的组成部分。如果有关设计或安装不当,可能导致振动、噪声、泄漏和发热等不良影响,使液压装置不能正常工作。所以,液压油管和管接头的设计、选择和安装连接同样是液压装置设计中必须认真对待的问题。

一、油管的种类及特点

液压系统中使用的油管种类很多,有钢管、铜管、尼龙管、塑料管和橡胶管等,须按照安装位置、工作环境和工作压力来正确选用。油管的特点及其使用范围如表 9 – 1 所示。

表 9 – 1 液压系统中使用的油管

种类		特点和使用场合
硬管	钢管	能承受高压,价格低廉,耐油,抗腐蚀,刚性好,但装配时不能任意弯曲;常在拆装方便处用做压力管道,中、高压用无缝管,低压用焊接管
	紫铜管	易弯曲成各种形状,但承压能力一般不超过 6.5~10 MPa,抗震能力较弱,易使油液氧化;通常用在液压装置内配接不便之处
软管	尼龙管	乳白色半透明,加热后可以随意弯曲成型或扩口,冷却后又能定形不变,承受能力因材而异,自 2.5 MPa 至 8 MPa 不等
	塑料管	质轻耐油,价格便宜,装配方便,但承压能力低,长期使用会变质老化,只宜用作压力低于 0.5 MPa 的回油管、泄油管等
	橡胶管	高压管由耐油橡胶夹几层钢丝编织网制成,钢丝网层数越多耐压越高,价格昂贵,用作中、高压系统中两个相对运动件之间的压力管道;低压管由耐油橡胶夹帆布制成,可用作回油管道

二、管接头的结构及选择

在液压系统中,管子与元件或管子与管子之间,除外径大于 50 mm 的金属管一般采用法兰连接外,对于小直径的油管普遍采用管接头连接方式。管接头实物如图 9 – 13 所示。管接头的形式和质量,直接影响油路阻力和连接强度,而且其密封性能是影响系统外泄漏的重要原因。因此,对管接头的合理选择,要给予足够重视。

对管接头的主要要求是安装、拆卸方便,抗振动,密封性好。

液压系统中的泄漏问题的大部分都出现在管子的接头上,为此对管材的选用,接头形式的确定(包括接头设计、垫圈、密封、箍套、防漏涂料的选用等),管系的设计(包括弯管设计、管道支承点和支承形式的选取等)以及管道的安装(包括正确的运输、储存、清洗、组装等)都要审慎从事,以免影响整个液压系统的使用质量。

图 9 – 13 管接头实物

目前用于硬管连接的管接头主要有卡套式、扩口式、焊接式；用于软管连接的主要是软管接头。当被连接件之间存在旋转或摆动时，可选用中心回转接头或活动铰接式管接头。

本项目小结

本章论述了各类辅助元件的结构、作用及工作原理，重点介绍了蓄能器和滤油器结构、分类及作用。

复习思考题

1. 蓄能器的主要作用是什么？
2. 简述使用蓄能器的注意事项。
3. 怎样选用滤油器？

项目十
典型工程机械液压回路

教学目标

知识目标：熟练掌握液压回路图的阅读方法；掌握液压元件在液压回路中的作用。

能力目标：能够利用阅读液压回路图的方法分析工程机械液压回路图；能够正确分析液压元件的作用和工作原理；能够正确分析泵车液压回路图。

工程机械包含泵送机械、挖掘机械、起重机械等多种产品，本项目重点对泵送机械液压回路进行分析。

任务一 泵车泵送系统液压回路

混凝土泵车的液压回路由以下几部分组成：泵送系统液压回路、辅助液压回路、臂架系统液压回路等。

其中泵送系统液压回路根据主回路通流能力的大小，可分为小排量泵送系统液压回路和大排量泵送系统液压回路。其有正泵和反泵两种操作功能，高压和低压两种工作方式，这些都是通过液压和电气系统来控制完成的。

正泵是将料斗中的混凝土通过泵送机构及管道源源不断地送达作业面，而反泵是将管道中的混凝土吸回料斗以达到排堵的目的，同时也可作为清洗管道之用。

高低压泵送状态切换是混凝土泵最重要的操作方式之一。图 10 – 1 为高压和低压两种泵

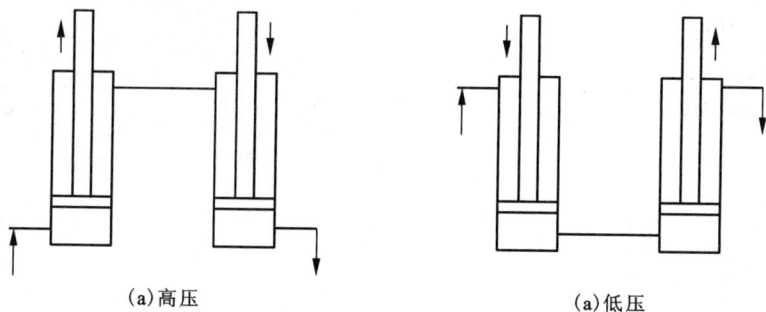

(a)高压   (a)低压

图 10 – 1 高低压泵送状态液压回路

送状态的液压回路图，由图容易看出其根本区别在于油缸是用无杆腔还是有杆腔去驱动泵送作业。用无杆腔驱动，则在相同的系统压力 P 下混凝土泵出口压力高，即称之为高压，反之，用有杆腔驱动，就叫作低压。由于无杆腔的作用面积大于有杆腔的作用面积，在主油泵输出流量一定的条件下，高压工况时主油泵在单位时间内的切换次数比低压工况时要少，也即混凝土的输出排量相对要少，这是我们说的"高压小排量"和"低压大排量"。

为了保证混凝土的泵送排量大，并且维持混凝土压力不变，则必须提高泵送液压系统的流量。因此，小排量泵送系统液压回路和大排量泵送系统液压回路的区别在于主回路通流能力的大小。本系统利用插装阀技术来提高系统的通流能力，并且利用插装阀的通断功能是主回路和自动高低压切换回路融为一体，故在以下的阐述中我们将主回路和自动高低压切换回路放在一起介绍。

一、主回路和自动高低压切换回路

图 10 -- 2 所示为大排量泵送系统液压回路。

该回路由主油泵 5、主油泵 6、单向阀 8、高压过滤器 9、电磁溢流阀 10、梭阀 17、电磁换向阀 21、插装阀 22.1 ~ 22.11 和主油缸 25 组成。主油泵 5 和主油泵 6 均为恒功率并带压力切断的电比例泵，其排量可以相同，也可不相同。

该回路最大的特点是用 11 个相同通径的插装阀将主换向回路和自动高低压切换回路融为一体，其中插装阀 22.9 ~ 22.11 只承担高低压切换的功能，即只完成主油缸 25.1 和 25.2 的无杆腔连通或有杆腔连通的功能，插装阀 22.1 ~ 22.8 则既承担高低压切换的功能，也承担主换向回路的功能，其中插装阀 22.1 ~ 22.4 是高压状态下的换向插装阀，插装阀 22.5 ~ 22.8 是低压状态下的换向插装阀。高低压泵送状态的切换由电磁换向阀 21 来完成。

具体流程如图 10 - 3 所示。

值得说明的是，当电磁换向阀 21 处于中位时，插装阀 22.1 ~ 22.11 全部处于关闭状态，目的是在待机状态下使主油缸能承受输送管道中混凝土的反压，不致于在混凝土的反压作用下，与 S 管相连的主油缸活塞退回到行程初始位置。

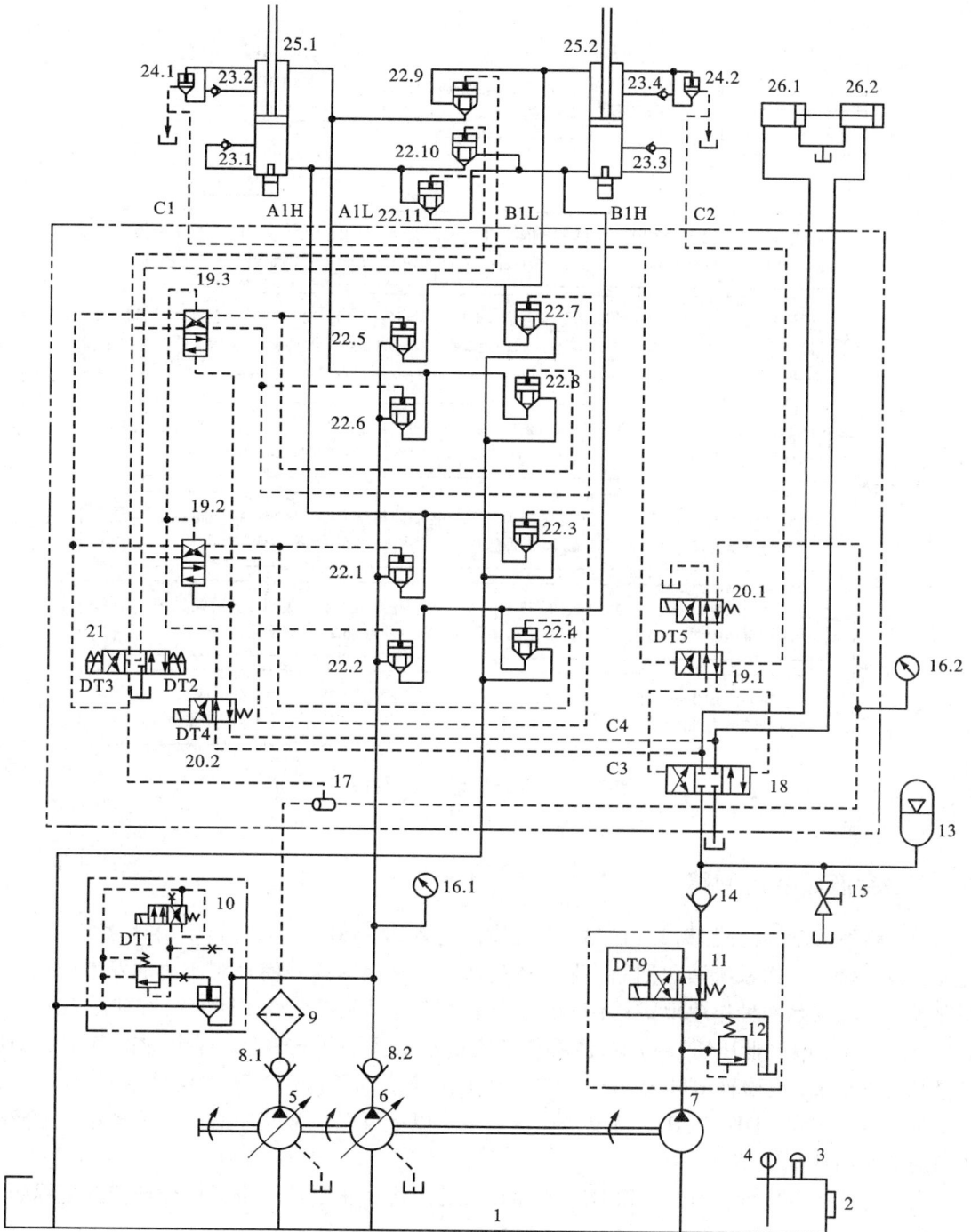

图 10 - 2　大排量泵送系统液压回路

1—油箱；2—液位计；3—空气滤清器；4—油温表；5—主油泵；6—主油泵；7—齿轮泵；8—单向阀；9—高压过滤器；10—电磁溢流阀；11—电磁换向阀；12—溢流阀；13—蓄能器；14—单向阀；15—球阀；16—压力表；17—梭阀；18—摆缸四通阀；19—液动换向阀；20—电磁换向阀；21—电磁换向阀；22—插装阀；23—单向阀；24—螺纹插装阀；25—主油缸；26—摆阀油缸

主油泵压力油
蓄能器 13 压力油
→ 梭阀 17，得到压力较大的压力 →
DT2 得电，电磁换向阀 21 右位
DT3 得电，电磁换向阀 21 左位

插装阀 22.5～22.8、22.10、22.11 控制腔得压力油，关闭；插装阀 22.9 控制腔的压力油泄回油箱，开启；系统处于高压泵送状态。插装阀 22.1～22.4 的状态由液动换向阀 19.2 的位置决定

插装阀 22.1～22.4、22.9 控制腔得压力油，关闭；插装阀 22.10、22.11 控制腔的压力油泄回油箱，开启；系统处于低压泵送状态。插装阀 22.5～22.8 的状态由液动换向阀 19.3 的位置决定

液动换向阀 19.2 处于上位，插装阀 22.2、22.3 控制腔得压力油，关闭；插装阀 22.1、22.4 控制腔的压力油泄回油箱，开启；主油缸 25.1 活塞前进，则主油缸 25.2 活塞后退

液动换向阀 19.2 处于下位，插装阀 22.1、22.4 控制腔得压力油，关闭；插装阀 22.2、22.3 控制腔得压力油，关闭；主油缸 25.2 活塞前进，则主油缸 25.1 活塞后退

液动换向阀 19.3 处于上位，插装阀 22.6、22.7 控制腔得压力油，关闭；插装阀 22.5、22.8 控制腔得压力油，关闭；主油缸 25.1 活塞前进，则主油缸 25.2 活塞后退

液动换向阀 19.3 处于下位，插装阀 22.5、22.8 控制腔得压力油，关闭；插装阀 22.6、22.7 控制腔的压力油泄回油箱，开启；主油缸 25.2 活塞前进，则主油缸 25.1 活塞后退

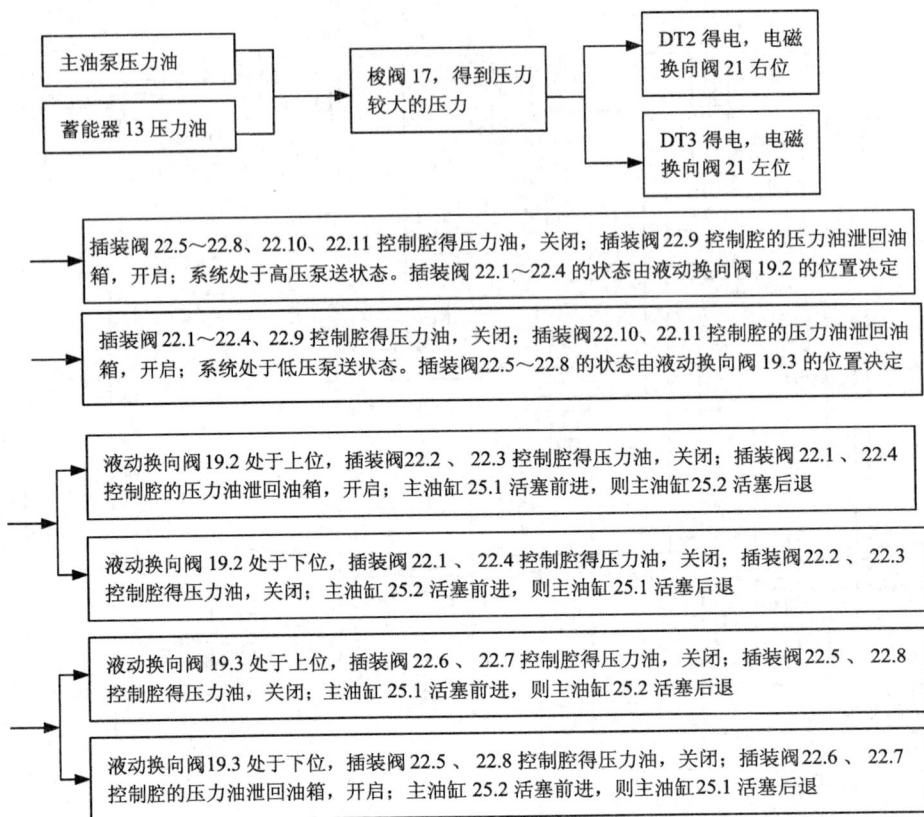

图 10 – 3　高低压切换控制流程

二、全液压换向回路

该回路由液动换向阀 19.1～19.3、电磁换向阀 20.1～20.2、单向阀 23 和螺纹插装阀 24 组成。与小排量泵送系统液压回路一样，也是通过电磁换向阀来使控制压力油发生变化，从而形成正泵和反泵两种作业模式；不同的是由于大排量泵送系统液压回路没有默认系统处于低压泵送系统，故高低压切换阀 21 必须参与控制才能进行泵送作业，即电磁铁 DT1 和 DT2 得电是高压正泵，电磁铁 DT1 和 DT3 得电是低压正泵，而 DT1、DT2、DT4 和 DT5 得电是高压反泵，DT1、DT3、DT4 和 DT5 得电是低压反泵。以下仅以最常使用的低压正泵介绍全液压换向的工作循环。

启动低压正泵作业，则电磁铁 DT1 和 DT3 得电，低压正泵前半个工作循环控制流程如图 10 – 4 所示。

```
┌─────────────┐     ┌─────────────┐     ┌─────────────┐
│ 电磁换向阀20.1 │────▶│ 液动换向阀   │────▶│ 使摆缸四通阀  │
│ 右位        │     │ 19.1 右位   │     │ 18 处于右位  │
└─────────────┘     └─────────────┘     └─────────────┘
```

┌──────────────┐   ┌──────────────┐
│ 蓄能器13压力油 │   │ 摆阀油缸运动   │
└──────────────┘   │ 使 S 管与主油 │
                                                       │ 缸25.1 连接的 │
                    ┌─────────────┐   ┌─────────┐   │ 输送缸相连   │
                    │ 摆缸 四通 阀 │──▶│ 摆阀油   │──▶└──────────────┘
                    │ 18 右位   │   │ 缸26.1无杆腔 │
                    └─────────────┘   └─────────┘

┌──────────┐   ┌──────────────┐   ┌─────────────────────┐
│ 控制油路 C3 │──▶│ 电磁换向阀20.2 右位 │──▶│ 使液动换向阀19.3 处于上位 │
└──────────┘   └──────────────┘   └─────────────────────┘

┌──────────────┐   ┌──────────────┐   ┌──────────────┐
│ 梭阀17压力油 │────▶│ 液动换向阀19.3 上位 │──▶│ 使插装阀 22.6、 22.7 控 │
└──────────────┘   └──────────────┘   │ 制腔得压力油, 关闭 │
                                           └──────────────┘

┌──────────────┐   ┌──────────────┐   ┌─────────┐   ┌──────────────┐
│ 插装阀22.5、22.8 │──▶│ 液动换向阀   │──▶│ 电磁换向 │──▶│ 泄回油箱, 插装阀 │
│ 控制腔压力油   │   │ 19.3 上位   │   │ 阀21左位 │   │ 22.5、 22.8 开启 │
└──────────────┘   └──────────────┘   └─────────┘   └──────────────┘

┌──────────────┐   ┌─────────┐   ┌──────────────┐   ┌──────────────┐
│ 主油泵压力油 │────▶│ 插装阀22.5 │──▶│ 主油缸25.2 活 │──▶│ 与主油缸25.2连接的 │
└──────────────┘   └─────────┘   │ 塞后退   │   │ 输送缸从料斗中吸料 │
                                    └──────────────┘   └──────────────┘

┌──────────────────┐   ┌──────────────┐   ┌──────────────┐
│ 主油缸 25.1 活塞前进接近终端时 C1 动 │◀──│ 主油缸25.1   │──▶│ 与主油缸25.1连接的 │
│ 作, 使液动换向阀19.1 处于左位   │   │ 活塞前进   │   │ 输送缸向 S 管排料 │
└──────────────────┘   └──────────────┘   └──────────────┘
                                          ┌──────────────┐
                                          │ 系统回油通过插装 │
                                          │ 阀 22.8 泄回油箱 │
                                          └──────────────┘

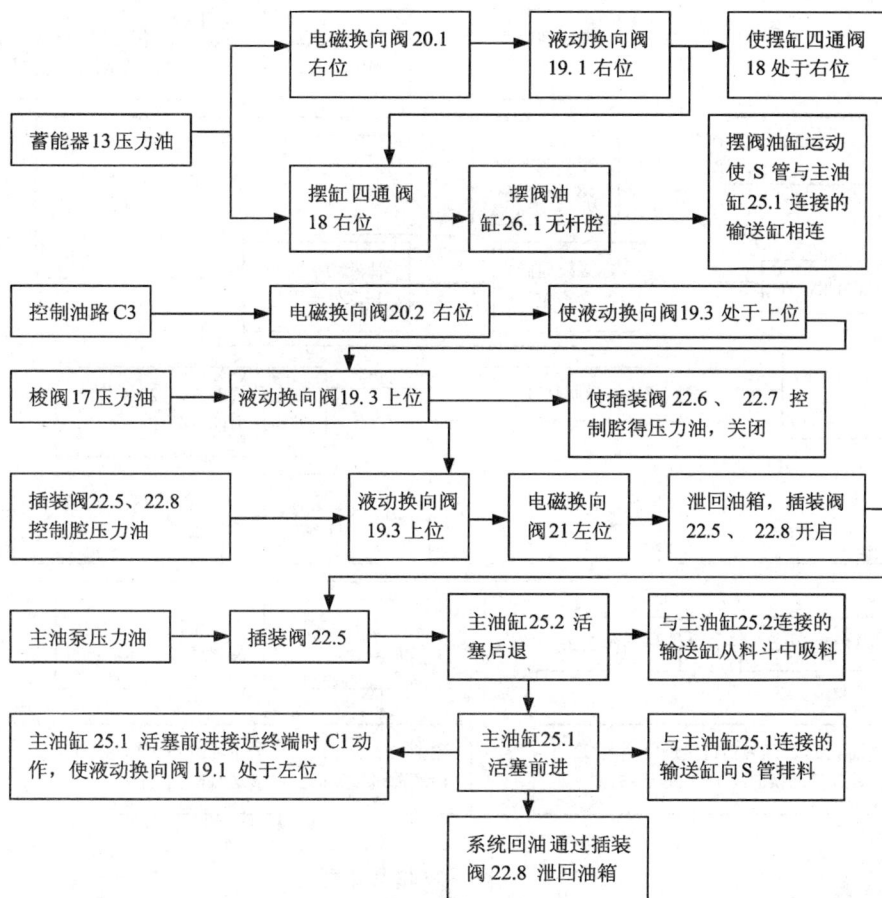

图 10 – 4 低压正泵前半个工作循环控制流程

　　紧接着将自动进入后半个工作循环。低压正泵后半个工作循环控制流程如图 10 – 5 所示。

三、分配阀回路

　　该回路由齿轮泵 7、电磁换向阀 11、溢流阀 12、蓄能器 13、单向阀 14、摆缸四通阀 18 和摆阀油缸 26 组成。

　　摆阀油缸 26 是执行机构, 驱动 S 管分配阀左右摆动; 摆缸四通阀 18 的两个出油口分别与左右摆阀油缸的活塞无杆腔连通, 故它的换向最终致使 S 管分配阀换向。

　　进油路:

　　齿轮泵 7 压力油→电磁换向阀 11→单向阀 14→蓄能器 13 压力油→摆缸四通阀 18→摆阀油缸 26 无杆腔。

　　回油路:

　　另一摆阀油缸 26 无杆腔→摆缸四通阀 18→冷却器→油箱。

```
┌──────────────┐     ┌──────────────┐     ┌──────────────┐
│ 电磁换向阀      │ ──→ │ 液动换向阀      │ ──→ │ 使摆缸四通阀18  │
│ 20.1 右位     │     │ 19.1 左位     │     │ 处于左位        │
└──────────────┘     └──────────────┘     └──────────────┘
        ↑                    │
┌──────────────┐            ↓
│ 蓄能器13压力油  │ ──┬──→ ┌──────────────┐ ──→ ┌──────────────┐ ──→ ┌──────────────┐
└──────────────┘   │     │ 摆缸四通阀      │     │ 摆阀油缸       │     │ 摆阀油缸运动使   │
                   │     │ 18 左位       │     │ 26.2 无杆腔    │     │ S 管与主油缸    │
                   │     └──────────────┘     └──────────────┘     │ 25.2 连接的输送 │
                   │                                               │ 缸相连          │
                   │                                               └──────────────┘

┌──────────────┐     ┌──────────────┐     ┌──────────────┐
│ 控制油路C3     │ ──→ │ 电磁换向阀      │ ──→ │ 使液动换向阀    │
└──────────────┘     │ 20.2 右位     │     │ 19.3 处于下位  │
                     └──────────────┘     └──────────────┘
                                                  │
┌──────────────┐     ┌──────────────┐            ↓     ┌──────────────┐
│ 梭阀17压      │ ──→ │ 液动换向阀19.3下位 │ ──→ │ 使插装阀22.5、 22.8 控制 │
│ 力油         │     └──────────────┘     │ 腔得压力油，关闭 │
└──────────────┘            ↓            └──────────────┘

┌──────────────┐     ┌──────────────┐     ┌──────────────┐     ┌──────────────┐
│ 插装阀22.6、 22.7 控 │ ──→ │ 液动换向阀19.3 │ ──→ │ 电磁换向 │ ──→ │ 泄回油箱，插装阀 │
│ 制腔压力油    │     │ 下位         │     │ 阀21左位  │     │ 22.6、 22.7 开启 │
└──────────────┘     └──────────────┘     └──────────┘     └──────────────┘
                            ↓                                        │
┌──────────────┐     ┌──────────────┐     ┌──────────────┐     ┌──────────────┐
│ 主油泵压力油   │ ──→ │ 插装阀22.6    │ ──→ │ 主油缸25.1  │ ──→ │ 与主油缸25.1连接的 │
└──────────────┘     └──────────────┘     │ 活塞后退    │     │ 输送缸从料斗中吸料 │
                                          └──────────────┘     └──────────────┘
                                                 │
┌────────────────────────┐     ┌──────────────┐     ┌──────────────┐
│ 主油缸25.2 活塞前进接近终端时C2动 │ ←── │ 主油缸25.2   │ ──→ │ 与主油缸25.2连接的 │
│ 作，使液动换向阀19.1 处于右位      │     │ 活塞前进    │     │ 输送缸向S管排料   │
└────────────────────────┘     └──────────────┘     └──────────────┘
                                      │
                               ┌──────────────┐
                               │ 系统回油通过插装 │
                               │ 阀22.7 泄回油箱 │
                               └──────────────┘
```

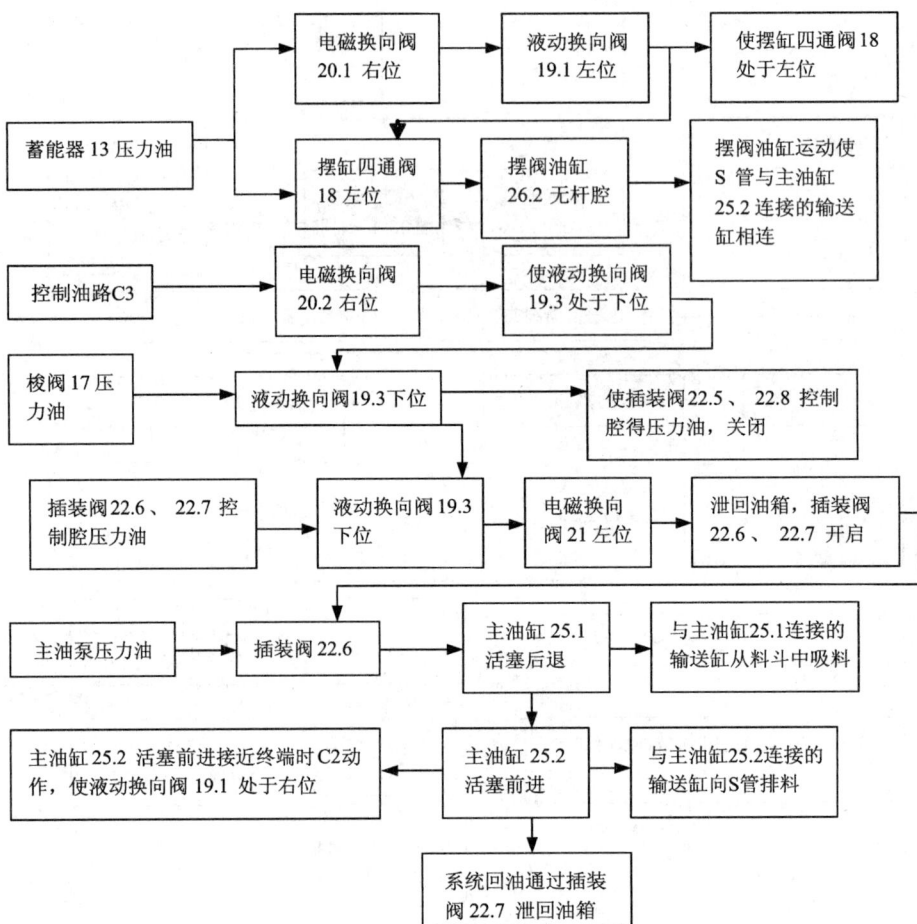

图 10 −5　低压正泵后半个工作循环控制流程

112

任务二 泵车辅助液压回路

泵车辅助液压回路如图 10 - 6 所示。它主要由风冷回路、搅拌回路及水洗回路组成。

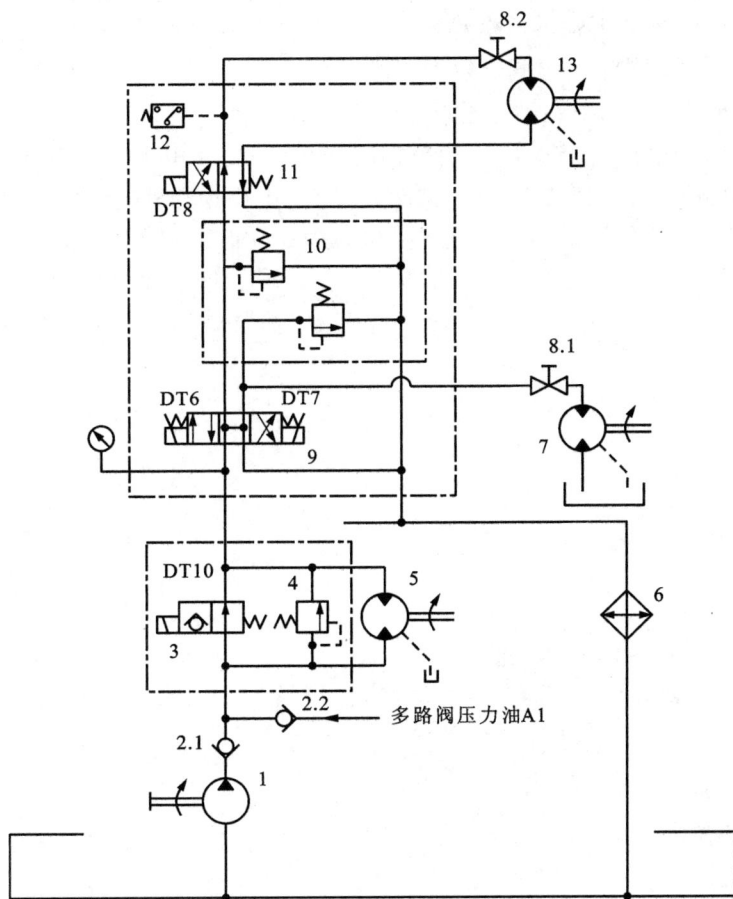

图 10 - 6 风冷、搅拌和水洗回路

1—齿轮泵；2—单向阀；3—电磁阀；4—溢流阀；5—风冷马达；6—风冷却器；7—水泵马达；
8—球阀；9—电磁换向阀；10—叠加式溢流阀；11—电磁换向阀；12—压力继电器；13—搅拌马达

进油路：

(DT6 得电)齿轮泵 1 压力油和多路阀压力油 A_1→单向阀 2→电磁换向阀 3/风冷马达 5
(不得电时走电磁换向阀 3，得电时走风冷马达)→电磁换向阀 9→电磁换向阀 11→球阀 8.2
(电磁换向阀 11 不得电)→搅拌马达 13 正转(当电磁换向阀 DT8 得电搅拌马达 13 反转)。
(DT7 得电)齿轮泵 1 压力油和多路阀压力油 A_1→单向阀 2→电磁换向阀 3/风冷马达 5(不得
电时走电磁换向阀 3，得电时走风冷马达)→电磁换向阀 9→球阀 8.1→水洗马达 7。

从原理图可以明显看出，该回路的油源由两部分组成：齿轮泵 1 压力油和多路阀压力油
A_1。在正常泵送状态下，该回路只由齿轮泵 1 提供压力油；而在怠速状态下，多路阀压力油

A_1 进入该回路，与齿轮泵 1 压力油一起供该回路工作，其目的是让风冷马达继续高速运转，以使风冷器冷却液压油。这种方式非常适合泵车的作业情况，因为泵车不是持续性地进行作业，而是停停打打，这样就达到了很好的冷却效果，降低液压系统油温，延长液压元件寿命。

风冷回路由电磁阀 3、溢流阀 4、风冷马达 5 和风冷却器 6 组成。当装配在风冷却器 6 的温度传感器检测到液压油温达到设定的 55℃时，电磁阀 DT10 得电，电磁阀 3 处于左位，则风冷马达在压力油的驱动下运转，冷却液压油；当温度传感器检测到液压油温低于设定的 38℃时，电磁铁 DT10 断电，电磁阀 3 处于右位，风冷马达停止运转。溢流阀 4 的作用是保证风冷马达的进出油口之间压力差不超过设定的压力值。

搅拌回路和水洗回路是并联的，由电磁换向阀 9 控制。当电磁铁 DT6 得电，电磁换向阀 9 处于左位，搅拌马达开始运转；当电磁铁 DT7 得电，电磁换向阀 9 处于右位，水泵马达开始运转。压力继电器 12 的作用是当检测到搅拌压力达到设定的 11 MPa 时，则通知控制器让电磁铁 DT8 得电，电磁换向阀 11 处于左位，搅拌马达反转；并延时一定时间后，让电磁铁 DT8 断电，电磁换向阀 11 处于右位，搅拌马达恢复正转。叠加式溢流阀 10 的作用是分别设定搅拌和水洗的最高压力。

任务三　泵车臂架系统液压回路

一、臂架变幅回路

图 10 - 7 为 1#臂架油缸平衡回路的液压原理图，其中包括平衡阀 1、单向阻尼阀 2、单向阻尼阀 3 和 1#臂架油缸 4 组成。平衡阀 1 的作用是臂架油缸运动过程中起平衡负载和控制及稳定运动速度，而在臂架油缸不动作中起液压锁用；单向阻尼阀 2 和 3 的作用是调节臂架油缸的运动速度；1#臂架油缸 4 是执行机构，作用是推动臂架进行变幅。

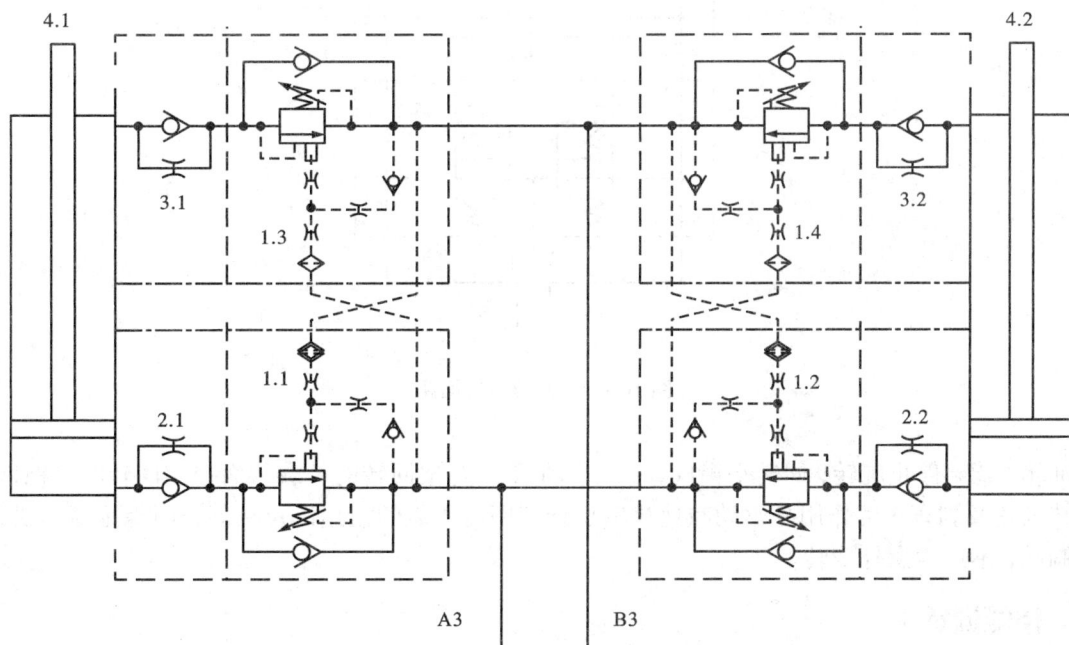

图 10 - 7　臂架油缸平衡回路液压原理图
1—平衡阀；2—单向阻尼阀；3—单向阻尼阀；4—1#臂架油缸

在这里值得提醒的是单向阻尼阀 2.1 和 2.2 必须相同，即其中阻尼孔大小必须一致；且单向阻尼阀 3.1 和 3.2 必须相同，这样才能保证臂架油缸 4.1 和 4.2 以相同的速度前进或后退。如果上述两个条件任一不满足，则 1#臂架油缸 4.1 和 4.2 的运行速度就会不一致，而这样的后果是非常严重的，会造成臂架受强大测向力的作用以致损坏；而且其中的一根臂架油缸受到另一根臂架油缸的强大作用力，致使活塞杆失稳而弯曲。

二、臂架回转回路

图 10 - 8 为臂架回转回路的液压原理图，其中包括回转限位阀组 1、回转平衡阀 2 和回转马达及刹车 3 组成。回转限位阀组 1 的作用是限制臂架回转的角度，当臂架左旋或右旋至规定角度时，会触发相应的接近开关从而使控制器让相应的电磁阀断电，则相应的压力油泄

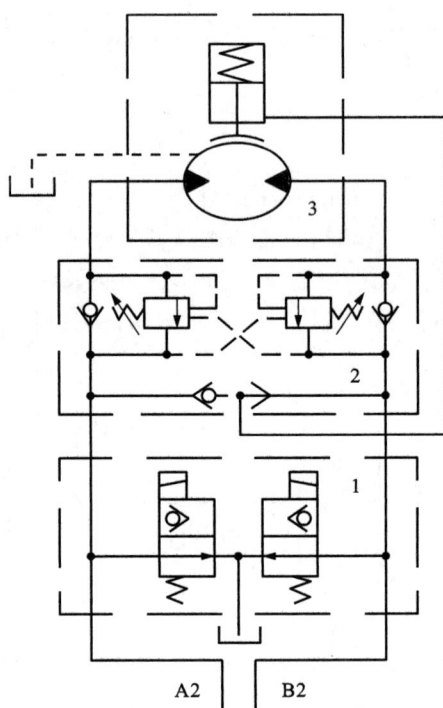

图 10 – 8　臂架回转回路

回油箱，臂架停止旋转；回转平衡阀 2 的作用是平衡臂架回转的负载从而控制回转的平稳性；回转马达及刹车 3 的作用是驱动减速机输出臂架回转所需的扭矩以及在静止时保证减速机进行制动，不产生意外旋转。

技能训练 1

一、任务描述

能识读搅拌运输车液压系统原理图中各元器件的原理与作用，并能正确分析其液压系统原理。

二、实施条件

统一闭卷答题，自备书写工具。

三、考核时量

40 分钟。

四、评分标准

考试评分表如表 10 – 1 所示。

表 10 – 1 搅拌运输车液压系统原理识读考试评分表

序号	评价内容	考核点	配分	评分标准	得分
1	基本原理分析	液压系统组成及基本原理	20	每空 2 分,填写正确得 2 分,答错不得分	
2	元器件分析	元器件原理分析	30	每题 3 分,选对得 3 分,选错不得分	
3		元器件作用分析	20	每题 10 分,回答错误每处扣 4 分	
4	液压系统回路分析	分析补油路径	30	每题 30 分,回答错误每处扣 5 分	
	总分		100		

五、考试工单

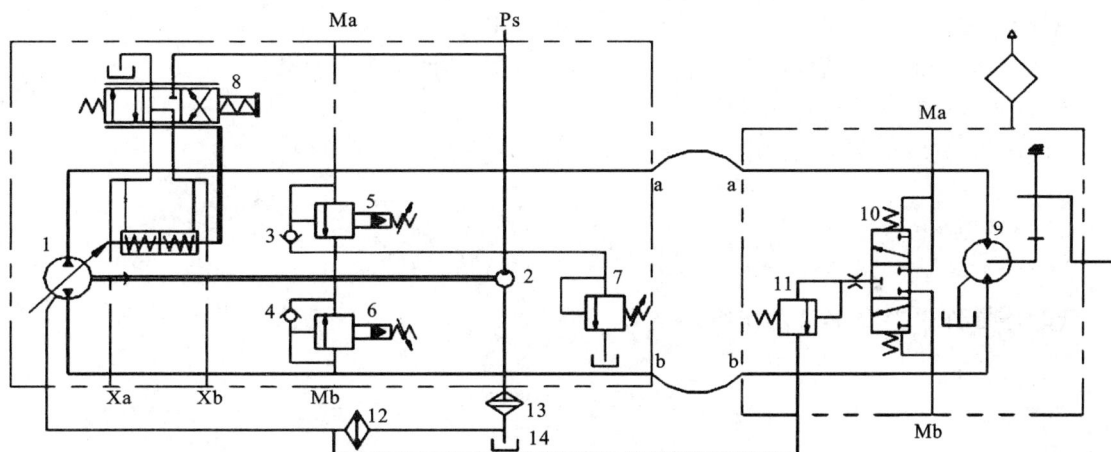

图 10 – 9 搅拌运输车液压系统原理图

1.填空(每空 2 分,共 20 分)

系统由_____元件、_____元件、_____元件、_____元件和_____五部分组成。图中序号件 9 属于_____元件,其功能是将_____能转换为_____能,对外输出_____和_____。

2.选择(每题 3 分,共 30 分)

(1)该液压系统是(　　)。

A.闭式液压系统　　　　　　B.开式液压系统

(2)序号件 1 是(　　)。

A.单向定量泵　　　　B.双向定量泵　　　　C.单向变量泵　　　　D.双向变量泵

(3)序号件 9 是(　　)。

A. 单向定量马达　　　　B. 双向定量马达　　　　C. 单向变量马达　　　　D. 双向变量马达

(4)序号件 10 是(　　　)。

A. 电磁阀　　　　B. 手动阀　　　　C. 机动阀　　　　D. 液动阀

(5)序号件 8 的中位机能是(　　　)型。

A. P　　　　B. M　　　　C. Y　　　　D. K

(6)序号件(　　　)是补油溢流阀。

A. 5　　　　B. 6　　　　C. 7　　　　D. 11

(7)序号件 9 属于(　　　)。

A. 高速小转矩马达　　　　　　　　　　B. 高速大转矩马达

C. 低速小转矩马达　　　　　　　　　　D. 低速大转矩马达

(8)改变柱塞泵斜盘的倾斜角度,可以改变其(　　　)。

A. 方向　　　　B. 功率　　　　C. 转速　　　　D. 排量

(9)改变柱塞泵斜盘的倾斜方向,可以改变其(　　　)。

A. 输油方向　　　　B. 出油排量　　　　C. 输出功率　　　　D. 容积效率

(10)(　　　)是该系统的优点。

A. 结构复杂　　　　　　　　　　B. 散热效果好

C. 油泵确定流量和流向　　　　D. 能驱动多个负载

3. 简答(每题 10 分, 共 20 分)

(1)序号件 2 的名称及作用。

(2)序号件 3、4 的名称及作用。

4. 回路分析(共 30 分)

若 a、b 分别为高低压端,试分析补油路径。

技能训练2

一、任务描述

能识读叉车液压系统原理图中元器件的原理与作用,并能正确分析其液压系统原理。

二、实施条件

统一闭卷答题,自备书写工具。

三、考核时量

40 分钟。

四、评分标准

考试评分表如表 10 - 2 所示。

表 10 -2　叉车液压系统原理识读考试评分表

序号	评价内容	考核点	配分	评分标准	得分
1	基本原理分析	液压系统组成及基本原理	20	每空 2 分，填写正确得 2 分，答错不得分	
2	元器件分析	元器件原理分析	30	每题 3 分，选对得 3 分，选错不得分	
3		元器件作用分析	20	每题 10 分，回答错误每处扣 4 分	
4	液压系统回路分析	分析油液路径	30	每题 30 分，回答错误每处扣 5 分	
	总分		100		

五、考试工单

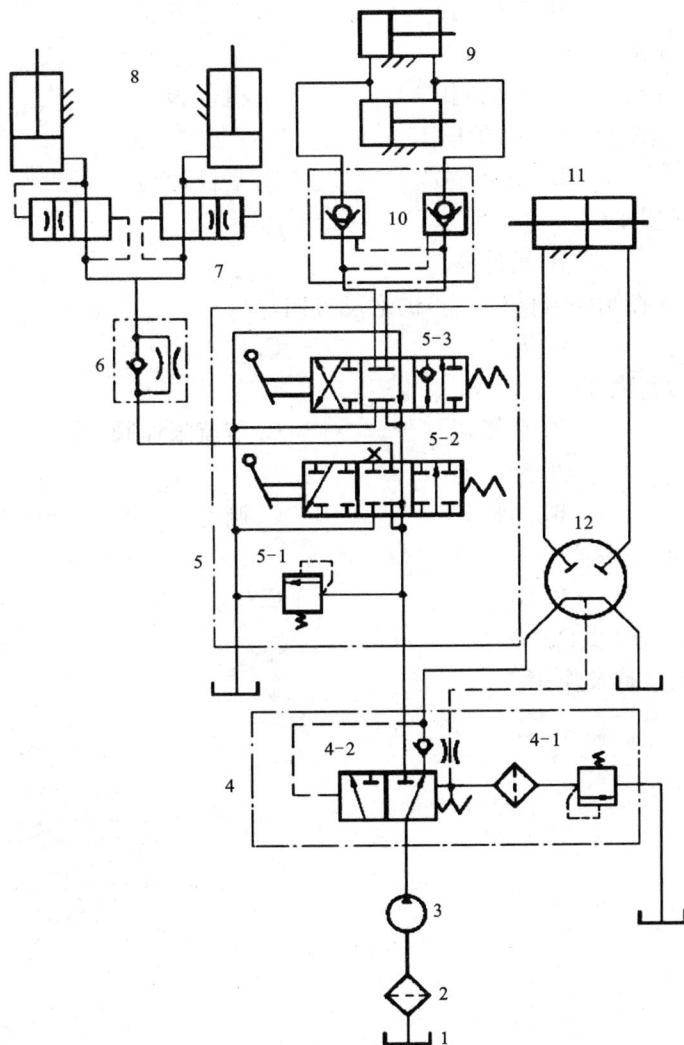

图 10 -10　叉车液压系统原理图

1. 填空(每空2分,共20分)

液压泵作为液压系统的_____元件,将原动机的_____能转换为_____能,为系统提供动力油。其工作原理是依靠_____的变化实现_____和_____。所以,液压泵也称为_____泵。液压泵按结构可分为_____、_____和_____。

2. 选择(每题3分,共30分)

(1)序号件8是( )。

A. 单出杆单作用活塞缸   B. 双出杆单作用活塞缸

C. 单出杆双作用活塞缸   D. 双出杆双作用活塞缸

(2)多路换向阀的连接方式是( )。

A. 串联   B. 并联   C. 串并联   D. 顺序单动

(3)序号件5-2是( )换向阀。

A. 四位五通   B. 三位四通   C. 三位五通   D. 三位六通

(4)序号件5-3是( )。

A. 电磁阀   B. 手动阀   C. 机动阀   D. 液动阀

(5)( )不是序号件5-1的作用。

A. 溢流稳压   B. 安全保护   C. 平稳运动

(6)序号件2应属于( )。

A. 粗滤器   B. 精滤器

(7)序号件5-3控制序号件( )的运动方向。

A. 8   B. 9   C. 11

(8)序号件7的名称是( )。

A. 减压阀   B. 平衡阀   C. 节流限速阀   D. 顺序阀

(9)系统不具有( )功能。

A. 换向   B. 锁紧   C. 调速   D. 增压

(10)转向控制器是序号件( )。

A. 12   B. 10   C. 6   D. 4

3. 简答(每题10分,共20分)

(1)序号件6的名称及作用。

(2)液控单向阀的工作原理。

4.系统分析(共30分)

分析序号件8下行时,件5-2的工作位置及油液路径。

技能训练3

一、任务描述

能识读推土机工作装置液压系统原理图中元器件的原理与作用,并能正确分析其液压系统原理。

二、实施条件

统一闭卷答题,自备书写工具。

三、考核时量

40分钟

四、评分标准

考试评分如表10-3所示。

表10-3 推土机工作装置液压系统原理识读考试评分表

序号	评价内容	考核点	配分	评分标准	得分
1	基本原理分析	液压系统组成及基本原理	20	每空2分,填写正确得2分,答错不得分	
2	元器件分析	系统上元器件原理分析	30	每题3分,选对得3分,选错不得分	
3		元器件作用分析	20	每题10分,回答错误每处扣4分	
4	液压系统回路分析	分析进油路径和回油路径	30	每题30分,回答错误每处扣5分	
	总分		100		

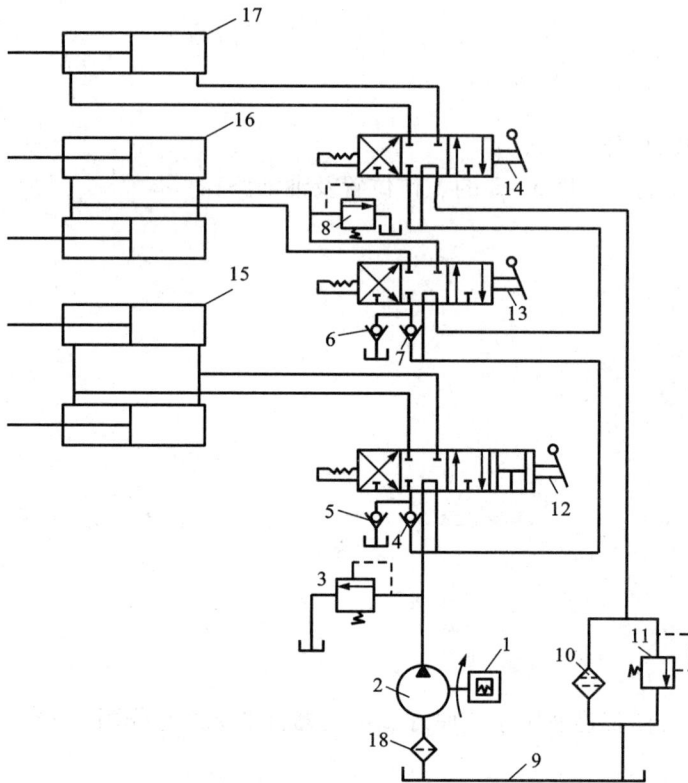

图 10 – 11　推土机工作装置液压系统原理图

1. 填空(每空 2 分, 共 20 分)

系统由_____元件、_____元件、_____元件、_____元件和_____五部分组成。图中序号件 2 是_____, 属于_____元件, 其功能是将_____能转换为_____能, 为系统提供_____。

2. 选择(每题 3 分, 共 30 分)

(1) 多路阀的连接方式是( )。

A. 串联　　　　　　　　B. 并联　　　　　　　　C. 串并联

(2) 序号件 17 是( )。

A. 单出杆单作用活塞缸　　　　　　B. 双出杆单作用活塞缸

C. 单出杆双作用活塞缸　　　　　　D. 双出杆双作用活塞缸

(3) 序号件 15 的双缸连接方式是( )。

A. 并联同向运动　　　　　　　　B. 并联反向运动

C. 串联同向运动　　　　　　　　D. 串联反向运动

(4) 方向控制阀的个数是( )。

A. 5　　　　　　　　B. 6　　　　　　　　C. 7　　　　　　　　D. 8

(5) 压力控制阀的个数是( )。

A. 2　　　　　　　　B. 3　　　　　　　　C. 4　　　　　　　　D. 5

(6)序号件 14 是(　　)。

A. 电磁阀　　　　　　B. 手动阀　　　　　　C. 机动阀　　　　　　D. 液动阀

(7)序号件 8 的作用是(　　)。

A. 卸荷　　　　　　　B. 调速　　　　　　　C. 背压　　　　　　　D. 保护

(8)序号件 13 是(　　)换向阀。

A. 四位五通　　　　　B. 三位四通　　　　　C. 三位五通　　　　　D. 三位六通

(9)序号件 17 的往返运动速度(　　)。

A. 不同　　　　　　　B. 相同

(10)系统没有(　　)功能。

A. 保护　　　　　　　B. 同步　　　　　　　C. 卸荷　　　　　　　D. 锁紧

3. 简答(每题 10 分,共 20 分)

(1)序号件 10、18 的作用与区别。

(2)序号件 3、11 的名称、作用与区别。

4. 系统分析(共 30 分)

序号件 12、13、14 分别处于左中右位置时,分析各液压缸的运动状况,并写出其进油路径和回油路径。

本项目小结

本章主要论述了液压传动系统基本构造和工作原理，选取了混凝土泵送液压系统、辅助回路、臂架回路等典型工程机械的液压传动系统，综合分析其工作原理，并对各执行元件的部分回路进行具体分析。本章是对全书知识的应用和总结，通过大量的液压原理图应用实例分析，归纳出液压系统故障诊断的一般步骤和常用方法。

复习思考题

1. 画出泵车液压系统的高低压切换回路原理图，简述其工作原理。
2. 简述泵送搅拌回路的工作原理。

参考文献

［1］乔丽霞. 工程机械液压传动［M］. 北京：化学工业出版社，2015.

［2］刘忠. 工程机械液压传动原理、故障诊断与排除［M］. 北京：机械工业出版社，2005.

［3］唐银启. 工程机械液压与液力技术［M］. 北京：人民交通出版社，2007.

［4］李新德. 液压系统故障诊断与维修技术手册［M］. 北京：中国电力出版社，2009.

［5］白柳，于军. 液压与气压传动［M］. 北京：机械工业出版社，2009.

［6］邱国庆. 液压技术与应用［M］. 北京：人民邮电出版社. 2008.

［7］周建清，杨永年. 气动与液压实训［M］. 北京：机械工业出版社. 2014.

［8］马振福. 液压与气压传动［M］. 北京：机械工业出版社. 2013.

［9］邓乐. 液压传动［M］. 北京：北京邮电大学出版社会. 2010.

［10］刘建明，何伟利. 液压与气压传动［M］. 北京：机械工业出版社. 2011.

图书在版编目(CIP)数据

工程机械液压传动 / 彭金艳，沈超主编. —长沙：
中南大学出版社，2020.8
ISBN 978 - 7 - 5487 - 4090 - 2

Ⅰ.①工… Ⅱ.①彭… ②沈… Ⅲ.①工程机械—液压
传动—高等职业教育—教材 Ⅳ.①TH137

中国版本图书馆 CIP 数据核字(2020)第 135973 号

工程机械液压传动
GONGCHENG JIXIE YEYA CHUANDONG

主 编 彭金艳 沈 超
副主编 李艳华 谢向阳
主 审 邓秋香

□责任编辑	谭 平
□责任印制	周 颖
□出版发行	中南大学出版社
	社址：长沙市麓山南路　　　　邮编：410083
	发行科电话：0731 - 88876770　　传真：0731 - 88710482
□印　　装	长沙德三印刷有限公司

□开　　本	787 mm × 1092 mm 1/16　□印张 8.5　□字数 213 千字
□版　　次	2020 年 8 月第 1 版　□2020 年 8 月第 1 次印刷
□书　　号	ISBN 978 - 7 - 5487 - 4090 - 2
□定　　价	26.00 元